区域智能电网的规划方法

冯喜春　胡　平　韩璟琳　袁建普　王　涛　著

電子工業出版社
Publishing House of Electronics Industry
北京 • BEIJING

内 容 简 介

本书主要介绍区域智能电网的规划方法，全书共 7 章，第 1 章介绍区域智能电网的基本概念及其发展所面临的挑战，第 2 章介绍区域智能电网规划方法的研究现状，第 3 章介绍区域智能电网随机因素的概率特性及相关性建模方法，第 4 章介绍区域智能电网的互动机理及动态响应特性，第 5 章介绍面向送端区域智能电网的不确定性规划方法，第 6 章介绍面向受端区域智能电网的主动规划方法，第 7 章介绍面向智慧城市的区域智能电网多主体博弈拓展规划方法。

本书意在让读者尽快了解区域智能电网的规划方法，从基础理论、模型构建、求解方法多个角度论述，并结合实例进行验证，帮助读者尽快理解和掌握本书的要点。全书各章节之间既相互独立又相互联系，读者可根据自己的需要有选择性地阅读。

本书可作为高校理工科本科生和研究生的教学参考用书，也可供电气工程的电网规划及其相关领域的工程技术和研究人员参考。

图书在版编目（CIP）数据

区域智能电网的规划方法 / 冯喜春等著. —北京：电子工业出版社，2020.12
ISBN 978-7-121-40220-3

Ⅰ. ①区… Ⅱ. ①冯… Ⅲ. ①智能控制－电网－电力系统规划 Ⅳ. ①TM76

中国版本图书馆 CIP 数据核字（2020）第 248471 号

责任编辑：徐　静　　文字编辑：赵　娜　孙丽明
印　　刷：涿州市京南印刷厂
装　　订：涿州市京南印刷厂
出版发行：电子工业出版社
　　　　　北京市海淀区万寿路 173 信箱　邮编 100036
开　　本：720×1 000　1/16　印张：9.5　字数：167 千字
版　　次：2020 年 12 月第 1 版
印　　次：2020 年 12 月第 1 次印刷
定　　价：69.00 元

凡所购买电子工业出版社图书有缺损问题，请向购买书店调换。若书店售缺，请与本社发行部联系，联系及邮购电话：（010）88254888，88258888。

质量投诉请发邮件至 zlts@phei.com.cn，盗版侵权举报请发邮件至 dbqq@phei.com.cn。

本书咨询联系方式：（010）88254461，sunlm@phei.com.cn。

前　言

区域智能电网规划技术对智能电网科学有序发展有重要的促进作用。随着国家“一带一路”、京津冀协同发展、振兴东北老工业基地、西部大开发、中部崛起等区域性经济带发展规划的不断落实，区域性智能电网综合示范区的建设不断被提上日程。各类智能电网综合示范区的建成，极大地促进了我国智能电网规划运行技术的发展。在国家设立重大战略发展区域的背景下，我国智能电网发展面临新的机遇和挑战：一是坚持融合开放的新形势对智能电网提供了新的动力。积极配合各级政府，加强交流合作，充分利用各种合作平台，在政府部门的协调下，促进电网与油、气、地热等多种能源的融合发展，积极吸引和支撑各类社会资本参与电网项目、电能替代、用能服务等投资建设，协同推进能源变革发展。二是坚持创新引领的新目标对智能电网提出了新的要求。加快理念创新、机制创新、模式创新、技术创新，树立低碳发展理念，建立区域协同发展机制，探索能源互联网和智能电网融合发展新模式，加快推进储能、源网荷协调控制、分布式电源关键技术创新攻关，以创新引领能源转型发展。三是坚持绿色发展的新内涵对智能电网提出了新的挑战。通过高比例开发应用可再生能源，建设全方位绿色交通服务体系，实现城市用能高度电气化，培育绿色能源新业态，带动相关产业转型升级，打造生态文明先行示范区，形成绿色经济发展新典范。四是坚持统筹规划的新变化对智能电网提供了新的思路。按照智能化战略规划，加强智能电网的统筹布局和协调规划，提高电网、电源、用户等市场主体的积极性，做好与地区整体规划的无缝衔接，在合作共赢的基础上合力构建地区智慧电网。

本书系统介绍了区域智能电网规划的基本概念和内容，由浅入深，从基础理论、模型构建、求解方法多个角度论述，并结合实例验证了所提规划方法的有效性。本书具有以下特点：

（1）内容系统且完整，从基础理论、模型构建、求解方法、实例验证等方面论述了区域智能电网规划的方法，衔接紧密，实例充分，适用性强。

（2）书中大量的公式来源于相关领域和专业的书籍，均由作者反复验证，具备准确性。

（3）书中规划实例均与实际联系密切，涉及数据均源于配电网历年的运行调试数据，具有较高的参考价值。

（4）全书叙述清楚，概念阐述准确，讲解思路清晰，通俗易懂，方便自学。内容深入浅出，各章均附有图例、简表加以说明，方便读者掌握和巩固所学知识。

由于时间仓促，加上作者学识水平有限，书中难免存在错误和疏漏之处，恳请广大读者批评指正。

作者
2020 年 5 月

目　录

第1章　概述

本章着重论述区域智能电网的基本概念及其发展所面临的挑战。1.1节介绍区域智能电网的基本概念，包括智能电网的特征、内涵及其规划的基本流程等基础性内容；1.2节从送端区域智能电网、智慧城市、受端区域智能电网三个层面分析了智能电网在发展中所面临的问题和挑战。

1.1　区域智能电网的基本概念

智能电网就是电网的智能化（智能电力），也被称为“电网 2.0”，它建立在集成的、高速双向通信网络的基础上，通过应用先进的传感和测量技术、先进的设备技术、先进的控制方法及先进的决策支持系统技术，实现电网的可靠、安全、经济、高效、环境友好和使用安全的目标，其主要特征包括坚强、自愈、激励、抵御攻击、提供满足21世纪用户需求的电能质量、允许各种不同发电形式的接入及资产的优化高效运行。

1.1.1　智能电网的特征

传统电网是一个刚性系统，电网的智能化程度较低。第一，电网动态柔性及重组性较差。传统电网中电源的接入与退出缺乏弹性，不能满足用户即插即用的需求；不能根据需要传输不同电能量，不能有效利用分布式发电（DG）等电源。第二，自愈及自恢复能力较弱。传统电网自愈及自恢复能力完全依赖于物理冗余，不能有效整合各级控制系统的资源，不能根据电网和用户需求构建一个实时、可配置和可重组的系统。第三，传统电网中信息传递是缓慢和单向的。用户各方不能获取电力市场的有效信息，也不能根据用户信息进行差异化的服务，不能满足不同用户的需求。第四，传统电网各环节、各部分缺乏有机统一的联系。系统内部缺乏信息收集和传输渠道，缺乏信息共享，存在多个信息孤岛，相互割裂和孤立的各类自动化系统不能构成实时的有机统一整体。

虽然不同国家对智能电网的理解或发展重点存在差异，但从总体看，与传统电网相比，智能电网通过扁平化的电网结构、模块化的功能组合、组态化的系统架构、集中与分散相结合的运营模式，实现了不同层级电网的优化、网络结构的灵活变换、系统架构的智能重组、系统效能的优化配置和服务质量的优化提升，使得智能电网运营理念和体系与传统电网截然不同。

1）坚强

电力网络分布合理，电力保护措施到位，电压等级协调发展，电网具有很好的静态稳定性和动态稳定性，能更好地对人为或自然发生的扰动做出辨识与反应。在电网发生大扰动和故障时仍能保持对用户的供电能力，不会发生大面积停电事故；在电网遭遇自然灾害、外力破坏和计算机攻击等异常情况下能保证电网的安全运行、电力信息的安全备份和人员财产的安全；实时信息可以让电网操作员隔离被破坏的环节，让电力绕过损毁区域，重新供电。

2）自愈

利用广域测量系统、实时传感器和自动化控制设备等技术，智能电网能实时获得电网的运行情况，具有实时、在线和连续的安全评估和分析能力；及时发现、快速诊断和消除故障隐患，自动地避免停电和电力质量恶化；在故障发生时，可以快速准确而有选择性地切除故障，保证无故障部分的安全运行，并可以实现环网自动恢复正常供电。

3）可靠

可靠是传统电网的特征之一，也是智能电网建设的前提，具有坚强的电网结构及更高的电能质量的传统电网是智能电网建设的基础。在电能方面，智能电网可以实现对电网质量的实时监控，以保证电压能够满足用户的实际需求，智能电网根据消费者的不同需求提供不同等级质量的电力，因此可以在不影响用户各种设备使用性能的基础上，提供更高质量的电能。

4）协调

电网端与消费者建立两端双向通信系统，可以实现消费者参与电力管理和系统的运作。从电网端角度来看，可以进行用户的资源合理调配，使得各地区智能电网供求平衡；从消费者角度来看，用户通过智能电表参与电网运行，根据自己的实际用电时段，适时调整购买方式，这样不仅能够降低电费消耗，还能够降低电网高峰时段负荷，可以得到具体、实在的好处。

5）高效

中国的智能电网通过传感等现代化技术对系统中的控制装置进行调整，不仅可以支持电力系统日常工作的进行，也可以智能地选择最低成本输送运作模式，以最优运行状态完善资源的优化配置，因此体现了其发展的高效性。

6）环保

智能电网可以接受不同储能系统及不同发电类型的输入，这对电网提出了严峻的挑战。不同国家因为资源环境的不同有了不同的发展。中国智能电网实现了从大到小包括光伏发电、风电、核能发电，甚至包括各种分布式电源的互联。通过分布式能源技术，可节省输配电建设投资成本，大大减少线损，降低运行和维护费用。同时由于分布式能源技术兼具发电、供热等多种能源供应服务功能，可以有效地保证能源的梯级利用，达到更高程度上的能源综合利用效率，实现能源损失小、能量梯级利用、能效和可靠性高、经济效益好，对环境负面影响更小。不仅完善了二次能源在电力方面的应用，而且在提高能效、减少污染排放的同时，可实现电力能源需求方面的可持续发展。

7）经济

智能电网作为一项产业，其发展状况源于其存在的经济价值，智能电网投资成本相对较高，因此经济性是推动电网稳定发展的内在动力，智能电网需要具有经济性才能长足发展。

8）兼容

智能电网能支持传统能源与风电、太阳能等可再生能源的有序合理接入，既能适应大电源的集中接入，也支持分布式发电电源和微电网电源的友好接入，满足电力与自然环境、社会经济和谐发展的要求。

9）互动

智能电网既能通过信息传递和市场激励促进电网与用户的互动，也能实现不同市场体系、不同市场主体间的互动。智能电网有着优良的用户接口，可以最大化地实现人机互动、人机联系、人机模拟，通过与客户的智能互动，改变电力用户的用电习惯和用电行为，以“波峰转移”降低系统对电源容量的需求，以最佳的电能质量和供电可靠性满足客户需求；能实现系统运行与批发、零售电力市场无缝衔接，同时通过市场信号更好地激励电力市场主体参与电网安全管理，从而提升电力系统的安全运行水平。

10）优化

通过对电网中每个元器件的实时监测，实现对电网全生命周期优化管理；并充分利用价格、竞争、供求等市场机制，实现供需互动、推动节能减排，提高发电效率，降低对电源容量和系统冗余的要求，降低投资成本和运行维护成本，提高资产的利用效率。

11）集成

以坚强、可靠的物理电网和信息交换平台为基础，获取完整、准确、具有精确时间断面、标准化的电力流信息和业务流信息等电网全景信息，实现各类系统集成和业务集成。智能电网综合集成了监视、控制、维护、能量管理（EMS）、配电管理（DMS）、市场运营（MOS）、企业资源规划（ERP）等和其他各类信息系统；可以通过统一的规范和平台将各种电力业务集成，实现标准化、规范化和精益化管理。

1.1.2　区域智能电网的内涵

由于未来电力资源与负荷资源的地理分布不匹配，以及可再生能源在广域范围具有良好的时空互补性，因而需要建立一个规模适当的区域智能电网。同时，由于可再生能源具有分散性，就地利用资源的分布式发电和面向终端用户的微型电网也将会大量出现。为保障供电的安全可靠，需要发展环形网络，并实现相邻层次间和同层次不同区域环形电网间的互联，以构造一个多层次网状结构的网络。在“十三五”规划期间，在区域协同发展的背景下，区域的发展更为紧密，对电力的供应提出了更高的要求。因此，构建区域协同发展的电力规划管理体系对区域经济的发展具有十分重要的作用。

1. 送端区域智能电网的内涵

在技术上，智能电网将安全、无缝地允许各种不同类型的发电和储能系统接入，简化联网的过程，类似于“即插即用”，这一特征对电网提出了严峻的挑战。改进的互联标准将使各种各样的发电和储能系统容易接入。从小到大，各种不同容量的发电和储能在所有的电压等级上都可以互联，包括如光伏发电、风电、先进的电池系统、即插式混合动力汽车和燃料电池等分布式电源。商业用户安装自己的发电设备（包括高效热电联产装置）和电力储能设施将更加容易和有利可图。在智能电网中，大型集中式发电厂包括环境友好型电源，如风电、大型太阳能电厂和先进的核电厂将继续发挥重要的作用。加强输电系统的建设使这些大型电厂仍然能够远距离输送电力。同时，各种各样分布式电源的接入一方面减少了对外来能源的依赖，另一方面提高了供电可靠性和电能质量。

在经济上，在智能电网中，先进的设备和广泛的通信系统在每个时间段内支持经济市场的运作，并为市场参与者提供了充分的数据，因此基础设施及其技术支持系统是电力市场蓬勃发展的关键因素。智能电网通过市场上供给和需求的互动，可以最有效地管理如能源、容量、容量变化率、潮流阻塞等参量，降低潮流阻塞，扩大市场，汇集更多的买家和卖家。用户通过实时报价来感受价格的增长，从而降低电力需求，推动成本更低的解决方案，并促进新技术的开发，新型洁净的能源产品也将给市场提供更多选择的机会，推动经济的持续发展。

在政策上，2015 年 7 月 6 日国家发展改革委、国家能源局发布的《关于促进智能电网发展的指导意见》中，关于送端区域智能电网提出了坚持统筹规划、因地制宜、先进高效、清洁环保、开放互动、服务民生等基本原则，深入贯彻落实国家关于实现能源革命和建设生态文明的战略部署，加强顶层设计和统筹协调；推广应用新技术、新设备和新材料，全面提升电力系统的智能化水平等指导思想；在其发展目标上，提出到 2020 年，初步建成安全可靠、开放兼容、双向互动、高效经济、清洁环保的智能电网体系，满足电源开发和用户需求，全面支撑现代能源体系建设，推动我国能源生产和消费革命；带动战略性新兴产业发展，形成有国际竞争力的智能电网装备体系，实现充分消纳清洁能源。

送端区域智能电网的任务包括：

（1）建立健全网源协调发展和运营机制，全面提升电源侧智能化水平；

（2）增强服务和技术支撑，积极接纳新能源；

（3）加强能源互联网建设，促进多种能源优化互补。

智能电网是在传统电力系统基础上，通过集成新能源、新材料、新设备和先进传感技术、信息技术、控制技术、储能技术等新技术，形成的新一代电力系统，具有高度信息化、自动化、互动化等特征，可以更好地实现电网安全、可靠、经济、高效运行。发展智能电网是实现我国能源生产、消费、技术和体制革命的重要手段，是发展能源互联网的重要基础。

2. 智慧城市的内涵

随着我国城市化进程的进一步加快，智能化作为衡量城市发展水平的重要因素已成为城市未来发展的关键问题。智慧城市以能源为保障，充分依托信息化建设，在实现城市低碳节能、可持续发展的同时，有效提升居民幸福指数。截至目前，我国已在超过320个城市开展了智慧城市建设，直接投资规模高达5000亿元人民币。

在技术上，智慧城市是利用新一代信息技术来感知、监测、分析、整合城市资源，对各种需求做出迅速、灵活、准确反应，为公众创造绿色、和谐环境，提供泛在、便捷、高效服务的城市形态。通过对新一代信息技术的创新应用来建设和发展智慧城市，是我国社会实现工业化、城镇化、信息化发展目标的重要举措，也是破解城市发展难题、提升公共服务能力、转变经济发展方式的必然要求。新一代信息技术包括云计算、大数据、物联网、地理信息、人工智能、移动计算等，是“互联网+”在现代城市管理的综合应用，是“数字城市”发展的必然和全面跃升。

智慧城市已经成为全球城市发展关注的热点，随着信息技术迅速发展和深入应用，城市信息化发展向更高阶段的智慧化发展已成为必然趋势。在此背景下，世界主要发达国家的主要城市如东京、伦敦、巴黎、首尔等纷纷启动智慧城市战略，以增强城市综合竞争力。

在经济上，我国在2012年针对90个地县级城市进行智慧城市试点，这一政策安排来自中央层面的统筹规划，可以看作智慧城市建设的自然实验。基于地级市的数据，构造了2006—2015年与智慧城市试点相匹配的实验组和控制组的面板数据，运用倍差法考察了智慧城市建设对经济增长的影响。实证结果表明，智慧城市显著促进了城市经济的增长，在2012年实行智慧城市试点期间，实施智慧城市战略的城市相对未实施这一战略的城市的经济增长高出了约8个百分点。此外，研究发现城镇化水平、对外开放程度、金融发展水平、人力资本、政府行为、资本及劳动水平、产业结构及基础设施水平，均对城市经济增长具有显著的促进作用。

在政策上，我国政府高度重视对智慧城市建设及发展的指导。2014年3月，中共中央、国务院印发《国家新型城镇化规划（2014—2020年）》，2014年7月，经国务院同意，国家发展改革委、工业和信息化部等八部委印发《关于促进智慧城市健康发展的指导意见》，为建设智慧城市给出了方向性、规范性和原则性的建议。北京、南京、沈阳、上海、杭州、宁波、无锡等城市结合城市区域内自身定位和发展需求，陆续出台了智慧城市发展规划，涉及社会管理、应用服务、基础设施、智慧产业、安全保障、建设模式、标准体系等内容，这些规划在发展目标、重点等方面各有特色，在城市普遍面临的如人口拥挤、资源短缺、环境污染、交通堵塞等各类“通病”和关键问题上有一定共识，例如，智慧城市建设成败的关键不再是数字城市建设中建设大量IT系统，而是如何有效推进城市范围内数据资源的融合，通过数据和IT系统的融合来实现跨部门的协同共享、行业的行动协调、城市的精细化运行管理等。

近年来，我国的特征智能电网建设快速推进，智能电网在确保城市用电安全可靠、促进城市绿色发展、提升城市网络通信能力、拉动城市相关产业发展，以及在丰富城市服务内涵等方面，对城市智能化发挥了巨大的推动作用，成为我国智慧城市发展的重要基础和驱动力。

3. 受端区域智能电网的内涵

智能电网建设的最终目标是满足广大用电终端的用电需要，在经历发电、输电、变电、配电几个过程后，大部分电能都会消耗在受电端。因此，用电环节的智能化建设在很大程度上影响着整个智能电网的建设，受电端的智能化管理水平会在整体上影响到智能电网的建设水平，关系到如提高电力能效、充分利用分布式可再生能源、推动新能源汽车产业发展等社会生产与生活的方方面面。

在技术上，受端智能化主要包括建设和完善智能双向互动服务平台和相关技术支持平台，实现与电力用户的能量流、信息流、业务流的双向互动，全面提升公司双向互动用电服务能力。用电信息采集系统、智能化用电装置是受端智能电网发展的侧重点。国内智能电表在使用寿命，工艺外观等方面与国外有一定差距，这些年已经逐步改进。在系统主站方面，各类用电信息采集系统要针对不同采集用户对象独立建设，如建设负荷管理系统实现50 kVA及以上专变用户数据采集，建设集中抄表系统实现居民用户数据采集。需要克服系统独立建设的方式给系统数据共享带来的不便，难以完全满足不同专业、不同层面的数据需求等矛盾。要提高系统标准化程度，满足省级、电力企业总部等更高层面的数据应用需求。在采集设备方面，要克服用户用电数据采集的终端设备多种多样，遵循的技术标准不尽相同，根据安装设备用户类型不同，其功能及性能也有不同的矛盾。加强采集设备技术标准的统一性，减少设备多样化及在功能与性能等方面的差异，为系统运行维护提供方便。

在经济上，从用电的角度来看，现有电网的用电模式峰谷用电差异巨大，大量发电设备仅在用电峰值时段开机，设备利用率极低，造成能源和设备的大量浪费。智能电网建设要求通过受电端电气设备及系统的通信平台，实现供电与用户互动。新能源接入和接出，控制电网潮流，使用户能够根据自身需求，合理改变用电行为，从而控制用电成本。再则，利用智能电网受电端储能系统，在用电低谷时大量储存电能，在用电高峰时将电能返回电网，实现电能的削峰填谷，可大大提高能源利用效率。通过受电端电气设备及系统，只要将大型城市的能源效率提高百分之几，就相当于节约了几个百万千瓦级发电厂的发电量，节能减排和经济效果将十分明显。

在政策上，2015 年 7 月 6 日国家发展改革委、国家能源局发布的《关于促进智能电网发展的指导意见》中关于受端区域智能电网提出了全面体现节能减排和环保要求，促进集中与分散的清洁能源开发消纳；与智慧城市发展相适应，构建友好开放的综合服务平台，充分发挥智能电网在现代能源体系中的关键作用。发挥智能电网的科技创新和产业培育作用，鼓励商业模式创新，培育新的经济增长点等指导思想。

在其发展目标上，提出满足并引导用户多元化负荷需求。建立并推广供需互动用电系统，实施需求侧管理，引导用户能源消费新观念，实现电力节约和移峰填谷；适应分布式电源、电动汽车、储能等多元化负荷接入需求，打造清洁、安全、便捷、有序的互动用电服务平台。

受端区域智能电网的任务包括：

（1）强化电力需求侧管理，引导和服务用户互动；
（2）推动多领域电能替代，有效落实节能减排；
（3）满足多元化民生用电，支撑新型城镇化建设。

发展智能电网，有利于进一步提高电网接纳和优化配置多种能源的能力，实现能源生产和消费的综合调配；有利于推动清洁能源、分布式能源的科学利用，从而全面构建安全、高效、清洁的现代能源保障体系；有利于支撑新型工业化和新型城镇化建设，提高民生服务水平；有利于带动上下游产业转型升级，实现我国能源科技和装备水平的全面提升。

1.1.3 区域智能电网规划的原则、分类与基本流程

1. 智能电网规划的原则

在开展区域智能电网规划工作时，必须遵循一定的技术经济原则。在国家或地方产业发展政策的统筹指导下，顺应电力市场改革变化趋势，通过强调其整体及长期的合理性和适应性，从而制定相应地区的区域智能电网规划方案。区域智能电网要以安全可靠性和技术可行性为前提，综合考虑区域智能电网工程建设的经济效益指标，切实对电网供电能力的提升起到积极促进作用。同时，区域智能电网规划设计应围绕国家能源战略部署，统筹规划目标区域的资源禀赋、环节空间、经济社会发展，远近结合、统筹兼顾，科学制定电网发展的技术路线和方案，适应电网长远发展需要，为经济社会科学发展提供安全可靠的电力供应保障。最后要充分结合新电力市场环境下智能电网的特点和目标，尤其是对不同区域智能电网所呈现的不同特点进行具体分析，合理指导智能电网工程的建设、投资。基于区域智能电网规划的特点，总结归纳配电网规划的基本原则如下。

1）可靠性原则

可靠性主要是指应当具有《电力系统安全稳定导则》所规定的抗干扰的能力，满足向用户安全供电的要求，防止发生灾难性的大面积停电。

大电网具有很多优越性，但大电网若发生恶性事故的连锁反应，波及范围大，将会造成严重的社会影响和经济损失。因此对大电网的可靠性要求更高。为提高电网可靠性，区域智能电网设计应执行以下技术准则：加强受端系统建设；分层分区应用于发电厂接入系统的原则；按不同任务区别对待联络线建设的原则；按受端系统、电源送出、联络断面等不同性质电网，分别提出不同的安全标准；简化和改造超高压及以下各级电网。

2）灵活性原则

在区域智能电网规划过程中将会遇到很多不确定性因素，规划完成到项目实施投产前，系统中电源、负荷也可能发生一定程度的变化。规划的配电网应该能够在变化不大的情况下仍然满足应有的技术经济指标，对电源建设和用电负荷具有较强的适应能力。

3）经济性原则

在满足前述可靠性原则和灵活性原则的条件下，规划设计方案还要兼顾投资的经济性，尽可能节约电网建设投资和减少运行维护费用，使规划方案的整体经济性最优。

4）环保节能原则

区域智能电网还需满足环境保护要求，节约土地资源和占地走廊，尽可能选用新型节能设备，提高利用效率，实现配电网可持续发展。

以上四项原则往往受到许多客观条件（如资源、财力、技术及技术装备等）的限制，在某些情况下，四者之间相互制约并会发生矛盾，因此还需进一步研究上述各方面综合最优的问题。

2. 智能电网规划的分类

按照规划年限分，一般可分为近期（5 年）、中期（10～15 年）、远期（20～30 年）三个阶段，与国民经济发展规划和城市总体规划的年限一致。近期规划又称为静态电网规划，主要从调查研究电网现状入手，分析负荷增长规律，着重解决电网当前存在的主要问题，编制年度计划，提出逐年改造和新建的项目，逐步满足负荷需要，提高供电质量和可靠性；中期规划又称动态规划，与近期规划相衔接，预留变电站站址和通道，项目进行可行性研究；远期规划主要对饱和负荷进行预测，并确定电源布局和目标网架。三种规划方案相互承接、联系，相互影响。

按照规划内容分，一般可分为主网规划、配网规划和专项规划。专项规划包括电网智能化规划、电网可靠性规划及电网网络规划以外的调度自动化、配电网自动化、电力营销、继电保护、通信及信息系统、无功配置、电力站址及通道等规划。

3．电网规划的基本流程

电网规划流程图如图 1-1 所示，下面对各个环节做简要介绍。

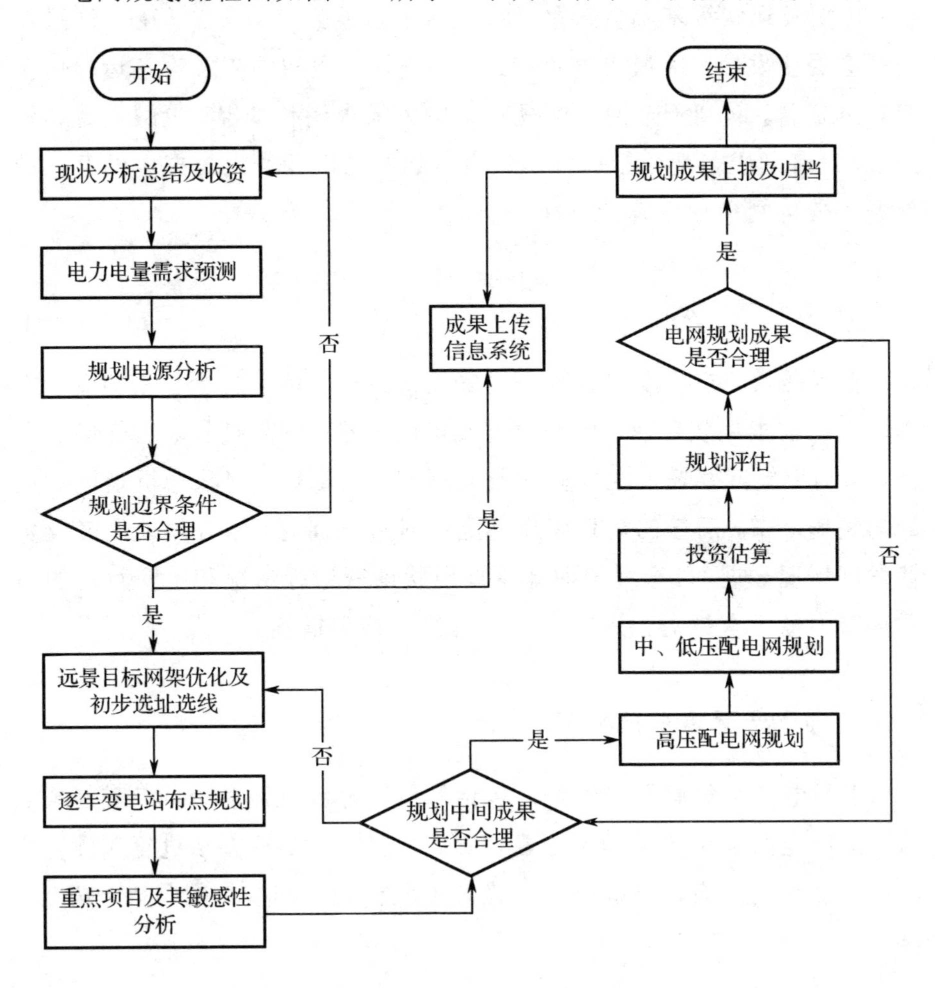

图 1-1　电网规划流程

1）明确规划目的和规划依据

依据电网规划技术导则和电网安全标准，充分发挥电网规划对电网建设投资的指导作用，加强电网规划和地方经济发展规划的互动，实现电网在现有基础和水平上有目标、有计划、有效率地健康发展。

2）基础资料收集

历史及现状等基础资料是做好现状分析及后续规划的基础，通过收集社会经济发展、区域用电负荷、电网电源、电网网络及设备运行情况等数据资料，有利于全面了解规划区电力需求增长情况、电网设备和资产现状，有助于客观分析评价现状电网运行情况和深入挖掘电网存在的问题，使电网规划更有针对性。

3）电网现状分析

电网现状分析主要包括规划区的功能定位、地区社会经济概况、规划区电力需求现状分析、电源现况及电网规模、网架结构、运行情况分析等，剖析电网存在的主要问题及问题产生的原因。现状分析是电网规划的关键环节，后续的规划工作都是针对现状问题，结合当地经济及负荷发展情况开展的。客观全面地掌握现状电网运行情况和电网存在的薄弱环节，便于有针对性地提出规划解决思路和措施。

4）电力电量需求预测

进行电量及负荷需求预测，包括总量、分区预测和空间负荷预测。由于影响电力需求的不确定因素较多，一般综合多种方法进行预测，给出高中低预测方案，并提出一个推荐方案作为电网规划的基础。

5）电源规划

电源规划是电力平衡以及输变电工程的主要基础。在政府制定的电力发展规划指导下，结合电源现状分析、电力分布及输送情况对规划及远景年的电源进行规划，并说明非规划电源投产的不确定性，有条件的需进行经济及减排的相应分析，对电源方案进行相应的优化。其具体内容包含并不仅限于各个规划年：新增电源项目描述，包括电源类型、容量、规模、投产时序、接入电压等级、退役机组安排、退役进度等远景电源的发展情况。

6）电力电量平衡

电力电量平衡既是对电源建设方案的复核，更重要的是分析量化各区域、电压等级间的电力电量流向，为开展电网规划设计提供基础。其任务即根据预测的负荷水平和分布情况，对存在变化的电源利用容量、备用容量选取等方面进行调整，并对规划区内电源进行分区电力平衡及变电容量测算，作为后续主网变电站布点的基础。

对于城市电网规划主要进行电力平衡（包括有功平衡和无功平衡）计算，只在特大城市和大城市电网中，电源不确定因素较多时才进行电力平衡和电量平衡，可使电网规划更加合理。

电力平衡需要考虑以下因素：外网购电计划；区内电源可用容量、接入的电压等级及供电范围，区内电厂开机方式、不同季节的水电厂出力；变电站地址及主变容量；输变电工程的建设规模和进度。

7）明确规划的技术原则

为使电网的规划、设计、建设规范化和标准化，更好地指导电网规划设计工作，应根据规划区电网发展目标，以国家、地方及行业的有关法律法规、标准、导则、规程和规范为基础，针对电网存在主要问题，根据负荷预测结果，结合目标网架，合理选择并制定供电区分类、供电电压、安全准则、变电站规模、供电可靠性、接线方式、中性点运行方式、无功补偿、电能质量、电力用户供电、配电自动化等技术原则。

主网规划技术原则包括容载比选取、电网结构、变电站及线路等方面；中压配网规划技术原则包括中压配电网结构、开关站、配电站及线路等方面；低压配网规划技术原则包括低压架空网和低压电缆网的导线截面选择、接线模式、供电半径、低压配变选型等方面。

8）输电网和高压配电网规划

编制远期初步规划—编制近期规划—编制中期规划—编制远期规划。

（1）根据预测的远期负荷水平，按照远期目标和规划地区已经确定的技术原则，初步确定远期电网布局，包括规划变电站的容量和位置、现有和规划变电站的供电区域、高压线路的路径和结构、所需的电源容量和布局。

（2）从现有的电网入手，将基准年和目标年的预测负荷分配到现有的和规划的变电站和线路，进行电力潮流、短路容量、无功优化、N-1校验等各项验算，检查电网的适应度并改进方案。

（3）在近期末年规划电网的基础上，将基准年和中期规划目标年的预测负荷分配到变电站和线路上，进行各项计算分析，检查电网的适应度。根据规划导则，结合规划区变电站布点及地区经济发展情况，确定各变电站项目的接入方式，调整规划期及水平年网架结构，并对线路走廊和变电站站址进行规划。

（4）以中期规划的电网布局为基础，依据远期预测负荷，编制远期规划。

9）中低压配电网规划

配电网规划思路——配电网规划方案（变电站新出线路规划、中压配电网改造规划、低压配电网规划）——配电网规划方案分析

（1）综合规划区自身社会经济发展，负荷需求，现有中、低压配电网存在的薄弱环节等因素制定规划区建设与改造规划目标及总体思路；

根据城市与农村配电网的不同特点，制定有针对性的分区建设与改造规划思路。

（2）依据负荷预测结果、变电站布点方案，制定分年度及市政规划中的路网规划来确定中压主干线路的走向及主干网架中配电设备（开闭所、环网柜等）的位置及数量，提出分年度建设方案。

（3）根据中压配电网的技术改造原则，结合现状配电网存在的问题及市政规划建设的要求，合理确定中压配电网的改造方案。

（4）结合规划区自身社会经济发展、负荷需求，对现存的问题，分年度安排低压项目进行解决；在上年度规划修编方案的基础上，结合历史遗留未解决的问题和现状年电网运行过程中出现的新问题，对规划年低压配电网规划方案进行动态调整；针对低压电网存在的主要问题，如重过载配变、台区电压偏低、线路供电半径偏长、存在安全隐患线路及设备、使用年限较长及残旧设备等方面重点解决。

（5）中、低压配电网规划方案应与现有电网存在的问题相呼应，在此基础上分析规划项目设立的目的，并进行分类汇总。中、低压项目实施目的有解决中压线路过载；②解决中压线路重载；③解决中压线路末端电压不合格；④变电站新出线满足新增负荷供电；⑤解决过载配变；⑥解决重载配变；⑦新建台区满足负荷需求；⑧解决电压偏低的台区；⑨改造安全隐患的中低压线路；⑩完善网架；⑪更换残旧设备或线路；⑫其他。

10）投资估算

（1）根据近两年设备价格、工程施工的平均报价和电网项目后评价报告得出电网建设工程单位综合单价。

（2）根据建设规模和单位工程综合单价，确定各电压等级的投资规模，其中主网投资具体包括变电投资、线路投资和对侧间隔投资，配网投资包括基建投资和改造投资，然后汇总各规划水平年需要的静态投资。

11）规划方案评估

对电网规划方案进行供电可靠性评估、线损率评估、投资效益评估等，分析规划项目的可行性，以及规划期末将取得的经济效益和社会经济效益。

12）编制规划报告

编制规划报告，绘制各规划期末的电网规划地理接线图及系统接线图。根据电网分级管理要求，规划报告可分册进行编写。

13）规划成果评审

规划阶段性成果完成后，一般由省公司计划部、市场部、运行部、生技部等部门领导组成评审专家，对规划成果展开讨论。综合评审后形成评审意见，规划人员根据评审意见进行报告修改落实。

1.2 区域智能电网发展面临的挑战

与传统电网相比，区域智能电网具有其自身的优势和更多的功能，在其快速发展的过程中，仍面临着各种问题，为区域智能电网的主动拓展规划提出新的挑战。

1.2.1 送端区域智能电网发展面临的问题与挑战

智能电网从电能产生到电能配送到各家各户、各个企业要经历多个过程，而在这多个过程中，送端区域智能电网会面临各种各样的问题。

1）安全稳定性与脆弱性问题日益严重

坚强、灵活的电网结构是未来智能电网的基础。我国能源分布与生产力布局很不平衡，无论从当前还是从长远看，要满足经济社会发展对电力的需求，必须走远距离、大规模输电和大范围资源优化配置的道路。如何进一步优化特高压和各级电网规划，做好特高压交流系统与直流系统的衔接、特高压电网与各级电网的衔接、促进各电压等级电网协调发展、送端电网和受端电网协调发展、城市电网与农村电网协调发展、一次系统和二次系统协调发展，都成为需要解决的关键问题。

2）互操作性标准有待完善

互操作性标准使送端区域电网的所有设备之间的协调成为可能。在一些领域，像分布式电源和储能，虽然有标准，但协调功能有限，分布式电源跟系统的互联，在缺乏协调功能的情况下，只能以局部的和自治的方式运行。分布式电源的发展需要从电网角度考虑，与电网协调运行。智慧城市中的智能电网模型需要综合考虑计算机网络、基础设施，市场，乃至国家政策方面的影响。未来的规划模型需要考虑在分布式电源高渗透率的条件下，如何优化系统运行，这是个重大挑战。

3）可再生能源和分布式能源技术发展较慢

在发展智能电网时，如何安全、可靠地接入各种可再生能源电源和分布式能源电源也是面临的一大挑战。分布式能源包括分布式发电和分布式储能，在许多国家都得到了迅速发展。分布式发电技术包括微型燃气轮机技术、燃料电池技术、太阳能光伏发电技术、风力发电技术、生物质能发电技术、海洋能发电技术、地热发电技术等。分布式储能装置包括蓄电池储能、超导储能和飞轮储能等。风能、太阳能等可再生能源在地理位置上分布不均匀，并且易受天气影响，发电机的可调节能力比较弱，需要有一个网架坚强、备用充足的电网支撑其稳定运行。随着电网接入风电量的增加，风电厂规划与运行研究对风电场动态模型的精度和计算速度提出了更高的要求。在过去十几年中，燃料电池技术发展非常快，但要使燃料电池成为一种可靠的能源，还需要解决很多问题。风能和太阳能作为分布式能源的重要组成部分，都具有波动性和间歇性的特点，对可靠供电造成冲击。通过改进天气预报的准确性，可以更加准确地预测分布式发电的变化情况，通过合理调度减小其波动对电网的影响。

4）管理政策更新不完善

智能电网的推广，在增加用电规模的同时也增加了电力设备的数量，使得管理难度更大。而结合当前实际情况可以发现，送端电网的大多数电力部门依旧沿用以往的管理政策，显然已与智能电网调度运行的需求不相符。我国没有建立相互协调的综合性监管政策，各种电价由国家发展和改革委员会审批；电力服务由国家能源局监管；电力企业负责人业绩由国务院国有资产监督管理委员会考核；电力项目由国家发展和改革委员会核准。各个监管部门相互影响甚至相互掣肘，影响电力监管效率，加剧了利益集团寻租。

5）送端电网不确定性因素深度渗透

近年来，间歇式新能源的大量并网给送端电网带来大量的不确定性，由于大量用户安装可再生能源发电单元，增加了电网规划人员准确预测的难度，为智能电网规划带来了实质性的挑战。此外，在智能电网中，由气候条件、使用寿命、外部故障冲击等内外扰动因素引起的设备运行状态不确定性会逐渐凸显。在不确定性因素诸多的环境下，未考虑送端电网的不确定性因素，可能导致规划网架在未来年的运行过程中存在着安全隐患，严重时甚至会造成大面积的停电事故。

6）送端智能电网建设项目的风险评价体系有待完善

近年来，我国在智能电网建设项目风险管理方面的研究已取得一定的成绩，研究方法也从传统的财务型风险评价方法向综合型风险评价方法转变。但我国智能电网建设项目风险评价起步较晚，还未能有针对性地建立一套适合的风险评价体系，有效科学地发掘和评价风险。因此，将风险识别、评价与智能电网建设项目的特点相互整合，构建一套适合我国智能电网建设项目风险评价体系显得尤为必要。在智能电网的发展中，有必要结合我国智能电网发展特性，进一步完善评价指标体系，确定指标的合理阈值，增强量化评价的可操作性及对智能电网发展建设的指导作用。此外，应当深入研究建立综合量化的智能电网发展评价方法，统筹兼顾各指标间的内在联系和相互制约，全面衡量智能电网发展水平。

1.2.2 智慧城市发展面临的问题与挑战

中国于2012年推出首批90个国家智慧城市试点，预计2020年年内启动和在建的智慧城市将超过500个。与此同时，中国能源改革正逐步迈入“深水区”，推动能源生产和消费的“四个革命”势在必行。智慧能源可以有效缓解城市建设过程中的能源与环境矛盾，实现对传统能源行业的重新塑造和逆向整合，在中国将大有可为。任何新事物的发展都有一个循序渐进的过程。中国要想踏上智慧能源的快车道，不得不面对现实的挑战。

1）能源的严重浪费

能源节约是评价智慧城市电力经济效益能力最主要的因素。整体电网涉及电力的多项环节，如供电、配电、输电等，都需要保障最小化的能源消耗，保障电网与社会、环境、用电用户的和谐关系，在保障能源节约的同时，推进经济效益的发展。但政府对于能源节约方面管理较少，出现大面积的能源浪费，严重降低了智能电网带来的效益。

2）信息通信技术尚待完善

智慧城市的智能电网需要具有实时监视和分析系统目前状态的能力，既包括识别故障早期征兆的预测能力，也包括对已经发生的扰动做出响应的能力。智能电网也需要不断整合和集成企业资产管理和电网生产运行管理平台，从而为电网规划、建设、运行管理提供全方位的信息服务。中国的能源管理系统相对闭塞，没有开放共享的氛围和基础，尤其是相关能源数据库难以开放，导致信息极不对称，难以支持能源数据的汇聚共享及挖掘分析。

3）前期投资成本大

建设智慧城市是一个系统化的过程，涉及诸多方面的投资和建设，基础设施需要大量增加。其中智能电网需要灵活的网络拓扑，但未来电网的典型网络拓扑结构还不够清晰；智能电表的安装范围不断扩大，但它们如何支持电网的规划运行仍然不确定，其功能还需要大力挖掘；智能电网建设内容涉及数字化变电站，数字化变电站的建设需要土建、数字化设备、电力、通信电缆等诸多行业领域的支持与建设；智能电表作为智能电网建设客户端的主要设备，安装范围不断扩大，基于新技术的基础设施，涉及全国亿万家庭，其产业规模也是巨大的，且如何支持电网的规划运行仍然不确定，其功能还需要大力挖掘，可能遇到经费不足等问题。随着可再生能源的不断发展，能源的产生时间和用能时间严重不匹配，直流电网、储能、安全通信等关键技术还不成熟，间接造成智慧能源的用户体验较差，无人愿意为前期试验买单；据专家根据我国智能电网建设规划估计，总投资将超过 4 万亿元。由此可见，智能电网的建设对我国国民经济的需求非常大，但我国经济基础相对薄弱，这对我国经济领域具有重大挑战。

4）市场交易规则不成熟、商业模式单一落后

智慧城市的电力价格机制决定一个智慧城市的发展能力。我国电价形成机制比较僵化，发电侧上网电价、输配电价和终端用户销售电价均受国家严格管控，电价总体水平较低，没有形成真正意义上的输配电价及上网电价与终端销售电价联动机制，发电和电网企业普遍处于微利和亏损状态，电价水平不仅能体现能源资源稀缺程度和市场实际供需状况，也严重影响电力企业和整个行业的发展能力。基于绩效激励的输电

电价及配电电价制度缺失，不能正确引导电网有效率的投资，加剧了资源的不均衡分配。如果目前的电价机制不改革，智能电网等国家公益性事业将因为投资没有保障而难以发展，同时也容易引发社会上对电网企业借发展智能电网牟取垄断利润的担心。中国的电力交易自由化程度并没有达到市场化，过去的电网公司，相对来说是构建的大能源体系，发电者、电网公司、用电者之间，有时候是切割的。如果未来发电者不仅可以将电卖给电网公司，还能够与终端用户进行交易，才能实现电力交易的市场化。

5）投资运营主体过多，关系不明确

目前在国内正掀起智慧城市建设的热潮，正式宣称建设智慧城市的城市有十几个，提出建设智慧城市的城市类型也不尽相同，有像国际化的大都市上海，中部重镇的武汉，美丽的春城昆明，提交四化融合的佛山，港口特色城市的宁波，以及蓝色海洋经济的汕尾等城市。智慧城市的建设涵盖了城市建设的各个商业领域及城市生活的方方面面，包括了城市运营管理的各个方案，各个领域的建设都是庞大复杂的系统工程，并非一朝一夕之功即可实现。中投顾问在《2016—2020年中国智慧城市深度调研及投资前景预测报告》中指出，在当前“智慧城市”高速发展的环境下，认为“智慧城市”建设的商业模式主要有以下三种：第一种是由城市管理者推动的智慧城市建设；第二种是由运营商推动的智慧城市；第三种就是由各种厂商推动的智慧城市的建设。过多相互关系尚不明确的投资运营主体为智能电网的规划提出一定的挑战。

6）增量配电改革试点进展缓慢

2016年以来，国家全力推动增量配电业务改革试点，有效激发了社会资本投资增量配电项目的积极性，促进了配电网建设发展，在推动提高配电网运营效率、改善供电服务质量等方面做出了积极探索，但不少地区仍然存在落实情况较差，试点工作推进不力，试点项目迟迟难以开工建设等问题。2018年12月，国家发展和改革委员会、国家能源局发文要求报送第四批增量配电业务改革试点，并提出将试点范围向县域延伸，但近半年过后，第四批项目仍处在申报、评审过程中，增量配电改革试点进展缓慢。而且其长远格局不清晰，电网管理面临破碎化风险。增量配电业务改革涉及内容复杂，需要建立完善配电网规划、配电区域划分、配电价格核定、并网互联、监管等一系列政策措施，需要统一配电网规划、建设、并网、运行、服务、可靠性等标准，才能更好地落实推进。

1.2.3 受端区域智能电网发展面临的问题与挑战

在日常生活与工业生产中，总是面临着不同的用电情况，智能电网在受端也会面临各种各样的问题。

1）受端电网计算机网络安全性无保障

电力信息通信为智能电网提供最基础的接入网。智能电网的接入网是指连接到最终用户端的部分，为电力用户提供丰富多样的用电选择，同时通过信息通信传输功能实现与电力用户的交流互动。此外，我国电力信息通信的传播主要是通过电信运营商的无线网络或者有线宽带网络来实现的，这些都是智能电网最基础的接入网。在进行电力信息通信建设的同时会出现数据的安全、隐私保护与信息访问的权限等问题，还存在不确定性，这些问题都会阻碍受端智能电网解决方案的采用。未来能源互联网、智能交通等系统都会产生大量的数据，也将会造成新的数据安全的问题。

2）受端电网规划缺乏适合模型

由于送端电网一方面大规模向受端电网送电，而另一方面又向本地区电网提供电量满足本地区的用电需求，因此若送端电网的结构不合理必然将会给系统的暂态稳定问题和热稳定问题带来严重的影响。电网的网架强弱是系统稳定性高低的前提和基础，坚强的网架是电力系统安全稳定运行的前提和保证，特别是对于送端电网更是如此。针对如何保证送端电网对受端电网的电量输送，同时又保证其对地区电网的可靠供电，目前还缺乏适合的规划模型。

3）需求侧管理不平衡

受端电网的智能化需要电力供应机构精确得知用户的用电规律，从而对需求和供应有一个更好的平衡。目前我国的电表只是做到了自动读取，是单方面的交流，不是双方的、互动的交流。由智能电表及连接它们的通信系统组成的先进计量系统能够对如远程监测、分时电价和用户侧管理等实现更快和准确的系统响应。将来随着技术的发展，智能电表还可能作为互联网路由器，推动电力部门以其终端用户为基础，实现通信、运行宽带业务或传播电视信号的整合，这一技术成为受端电网智能化的又一问题。

4）城乡受端配电网智能化发展不平衡且更新费用高昂

为了推进电力系统自动化、智能化的发展，我国制定了完善的发展战略，但我国配电网规划没有形成统一的标准。城市依托其雄厚的经济实力，配电网规划日益完善，智能变电站、智能监控系统被应用到配电网建设之中，而农村经济发展水平和城市相比存在很大差距，配电网建设智能化、自动化设备所占比例较低，这样在智能电网建设中城乡之间没有实现统筹发展，严重制约了智能电网建设的进程。现存配电网老化情况非常严重，很多政府财政经济力量不足，无法承担智能配电网规划的费用，对老化的导线和配电设备无法进行维修更新。

5）受端电网电力市场制度有待改善

目前，电能已经成为我国第一大能源，在意识形态方面我国始终将具有中国特色的社会主义国家作为发展战略思想，因此在电能生产及电力市场制度的制定方面，政府具有绝对的话语权，在建国初期经济发展落后，资源严重匮乏，政府对电力市场的主导权难以实现资源优化配置，而随着经济的不断发展，我国基本国情已经发生很大的改变，电力市场强制性的制度变迁不再适应我国电力行业的发展，并且已经严重阻碍我国智能电网建设的发展，此外，在电力市场中，国家电网公司与中国南方电网公司占据市场主导地位，尽管属于国有控股公司，但电力市场寡头模式已经确立，因此居民用电选择过程只有接受权没有选择权，这与智能电网中保障居民用电廉价性相冲突。

6）受端智能电网的项目效益评价有待提高

通过研究发现我国对受端智能电网的项目评价研究尚少，受端智能电网的经济效益和带来的环境效益有待评价。受端智能电网的评价特征、内容及指标的选取原则等方面都给其评价工作增加了难度，不再同于以往对单一电网确定性指标某个方面的评价。同时，相比受端智能电网评价指标体系的研究进展，对智能电网整体建设综合评价方法缺乏更深入的探索，缺乏有效评价方法的评价指标体系难以与实际运用相结合，大量评价数据的堆砌不能有效、快速、准确地反映智能电网发展的总体水平。急需研究适用于现代智能电网的评价体系和评价方法，以推动受端智能电网的发展。

第2章　区域智能电网规划方法的研究现状

本章将目前区域智能电网规划的相关研究进行了梳理，首先介绍了含有不确定性因素的智能电网规划，然后介绍了区域智能电网的主动规划方法及控制策略，最后介绍了区域智能电网的拓展规划方法。

2.1　含有不确定性因素的智能电网规划

2.1.1　不确定性因素的概率特性建模方法

目前，在电力相关行业中存在的不确定性问题多种多样，如风力发电、负荷波动、需求侧响应等。为了处理这些不确定性问题，国内外学者做了大量研究，概率特性建模的方法是目前最常采用的方法之一，下面主要介绍两类概率特性建模的方法，即参数估计和非参数估计。

1．参数估计

参数估计法主要应用于风功率、光伏电源输出功率、负荷误差预测等研究。在参数估计中，针对独立单变量随机性因素的概率特性建模方法，常用的参数估计方法有矩估计法、最小二乘法和最大似然估计法。其中，矩估计法采用样本矩估计总体矩，如用样本均值估计总体均值；在最小二乘法中为了选出使得模型输出与系统输出尽可能接近的参数

估计值，可用模型与系统输出误差的平方和来度量接近程度，使误差平方和最小的参数值即为所求的估计值；极大似然法通过选择参数θ，使已知数据 Y 在某种意义下最可能出现。某种意义是指似然函数 $P(Y|\theta)$ 最大，这里 $P(Y|\theta)$是数据 Y 的概率分布函数。

单变量的参数估计在研究中应用频繁，杨波等学者在电动汽车充电站的概率负荷建模中，利用参数估计法分别对三种典型的充电站建立了充电负荷模型，在此基础上，运用粒子群算法优化得到了填谷效应最优的三类典型充电站的优化配置方案，验证了所建立的概率负荷模型的有效性和实用性。然而单变量参数密度估计法往往只能针对一种因素特性进行分析，而实际问题通常都涉及多个因素，所以研究多变量随机性因素的概率特性建模方法也是十分有必要的。针对多变量的参数估计，常引入 Copula 函数建立联合概率分布模型。Copula 函数描述的是变量间的相关性，实际上是一类将联合分布函数与它们各自的边缘分布函数连接在一起的函数，因此也有人将其称为连接函数。利用 Copula 函数，可以将多变量问题转变为单变量问题，再利用单变量的方法进行估计。谢敏等学者在基于 Copula 的多风电场间相关性建模及其在电网经济调度中的应用中，对 5 种 Copula 函数进行了参数计算，通过算例说明了考虑多风电场间相关性的建模对制订合理调度计划是必要且有效的。

参数估计法的建模原理决定了该方法在某些方面的不足，先选取一种先验经验分布模型来模拟研究对象的概率密度，然后利用样本数据对先验模型进行参数估计，这种模拟研究对象的概率密度建模方法依赖于对模型的先验界定，这一方面导致研究对象的概率密度建模过分依赖人为主观因素，一旦先验模型假设有误差，无论样本容量多大都无法保证估计模型最终收敛于真实的样本分布；另一方面，不同地域、不同情况下的风功率、光伏输出功率或其他等都有可能服从不同的概率密度形式，因而需要确定不同的先验模型，从而降低了概率建模方法的普遍适用性。

2. 非参数估计

非参数估计法不需要依赖于密度函数形式的假定，可以直接对密度函数进行估计。在非参数估计法中，核密度估计法是目前应用最广，理论最成熟完善的方法之一。

非参数核密度估计是研究针对独立单变量随机性因素的概率特性建模方法，主要包括：非参数核密度估计模型的构建和非参数核密度估计模型的带宽优化方法。非参数核密度估计模型的构建只需选取核函数和最优带宽即可直接建模。在非参数核密度估计模型中，带宽 l 的选择是影响核密度估计精确性的关键因素，若 l 值过大，可能导致概率密度函数平滑性过高，从而引起较大估计误差；若 l 值过小，虽然可以提高估计精度，但可能导致概率密度函数的波动性（尤其是概率密度曲线的尾部）过大。由此可见，带宽优化的目标为选择一个合适的带宽，同时保证非参数核密度估计函数曲线的准确性和平滑性。

同参数估计一样，非参数估计也分为单变量和多变量两种情况。针对单变量的非参数核密度估计具体应用，杨楠等在基于模糊序优化的风功率概率模型非参数核密度估计方法中，提出了一种基于模糊序优化的风功率概率模型非参数核密度估计方法，该方法以高斯分布为核函数，不需要确定风功率概率密度遵循何种标准参数形式而直接对其进行建模，取得了良好的效果；严伟等在光伏电源输出功率的非参数核密度估计模型中，以高斯分布为核函数，在没有确定光伏电源输出功率概率密度遵循何种标准参数形式的情况下，直接对其进行建模，并利用算例与假定服从其他分布的参数估计法进行了比较，证实了非参数核密度估计法拥有较高的建模精度和更高的普遍适用性。针对多变量非参数估计的实际应用，赵渊等在电网可靠性评估的非参数多变量核密度估计负荷模型研究中，采用非参数多变量核密度估计实现节点负荷联合概率密度的近似估计，有效揭示了隐藏在节点历史负荷数据中的结构信息。

综上所述，参数估计适用于已经了解研究对象概率分布的情况，在此情况下能够较快速准确地做出合理的估计；而非参数估计由于其不需要假定先验模型的特点，所以在电力相关建模方面比参数估计应用得更加广泛。

2.1.2 区域智能电网不确定性规划研究现状

电网规划就是以负荷预测和电源规划为基础，确定在何时、何地投建何种类型的线路及其回路数，以达到规划周期内所需要的输电能力，在满足各项技术指标的前提下使系统的费用最少。目前，电网规划方法主要是传统规划方法和优化规划方法。传统的电网规划一般都是确定性规划，其规划方法大多是规划人员根据经验通过定性分析做出负荷预测，然后根据预测的负荷数据及电源建设情况，对当地实际情况进行考察，拟定几种可行的网络扩展方案，最后对各种可能存在的方案加以分析，逐步筛选。通过综合分析比较，估算出各项建设工程的投资和运行费用，权衡利弊，最后推荐出一个供电安全可靠、基建快、投资省、运行费用低、维护方便、经济效益高的选址方案。

随着区域智能电网的快速发展，可再生能源作为新型的发电资源而被大量开发和利用，其随机、间歇、波动、难以控制的特点给智能电网带来了不确定性，同时分布式电源和电动汽车、智能家居等柔性负荷大规模接入电网，又对电网造成较大的冲击。多元随机因素成为电网的一大特点。尤其是在国家提出建设综合示范区的背景下，如何对区域智能电网进行合理规划，保证受到政策、经济、环境、资源等各种不确定性因素影响的综合示范区内的智能电网安全高效运行，是当前区域智能电网急需解决的重要问题。目前解决不确定性问题的思路是将不确定性问题转化为确定性问题来解决。

1. 基于区间优化的规划方法

区间优化是处理不确定问题的一种较好的优化方法。在研究和分析实际工程问题时，一些工程参数是不确定性的，其数据的获取也是非常困难的，但不确定性参数的边界往往是确定的，因此区间优化只关心不确定量的范围边界。用区间变量来描述不确定信息，并基于区间计算理论确定研究问题及不确定性信息的上下界。胡博、朴在林等人提出将区间优化算法应用于光伏并网系统运行参数的优化。以光伏发电并网节点电源容量为目标函数，配电网节点电压和支路功率特性作为约束条件，建立光伏发电并网系统区间优化的非线性模型；利用区间可能度和区间序关系实现目标函数和约束条件的确定性模型转化，实现光伏并网节点电压波动最小和全网有功损耗最小为两层嵌套的区间优化函数。

2. 基于鲁棒优化的规划方法

鲁棒线性优化是鲁棒优化中最为成熟的优化方法，是一种处理含有随机参数问题的重要方法。鲁棒线性优化关心的是在随机参数的可能变化范围内优化结果是否都能满足约束，并力图避免随机性对优化问题带来的最坏影响，保证优化结果的鲁棒性。鲁棒线性优化以盒式集合描述随机参数，使得优化问题的求解不依赖于其具体分布形式，通过引入鲁棒性指标调整随机参数的变化范围，以平衡结果的鲁棒性和目标的最优性。黎舒婷、刘岩等人以系统风电装机容量最大化为目标考虑网架传输容量限制，建立了风电布局优化模型，模型应用鲁棒线性优化理论考虑风电随机性，采用盒式集合描述风电功率偏离均值的程度，引入可调节的鲁棒性参数，实现不确定性优化模型向确定性优化模型的转化，进而对风机布点及相应的装机容量进行优化决策。

3. 基于多场景技术的规划方法

多场景技术核心思想是根据某种规则选取不确定性因素的值并组合成一系列场景，每个场景都可以根据组成该场景参数的某个不确定测度得到它本身的一个不确定测度，并且在此之后作为一个确定性规划模型求解，从而得出一系列带有不确定测度的规划方案，再按照预先设定的选取准则挑选出合适的规划方案作为最优解。袁越、吴博文等人针对含大型风电场并网的输电网网架规划，从概率的角度出发，通过蒙特卡罗模拟方法，得到大型风电场输出功率的概率值，然后根据多场景概率的方法，对含有大型风电场的输电网网架进行规划。场景法虽然原理简单，但会导致场景数量随着不确定性因素数量的增多而增多，且所选场景很难将所有运行情况均考虑在内。

4．机会约束规划方法

机会约束规划方法主要用于约束条件中含有随机变量，且必须在观测到随机变量之前做出决策的优化问题。考虑到所做决策在一些比较极端的情况下可能不满足约束条件，而且极端情况出现的概率很低，为避免由此引起的优化方案过于保守，机会约束规划方法允许所做决策在一定程度上不满足约束条件，但该决策应使约束条件成立的概率不小于某一置信水平。于晗、钟志勇等人提出了一种考虑负荷和风电场输出功率不确定性，基于机会约束规划的输电系统规划方法，将蒙特卡罗方法与解析的概率潮流计算方法相结合，得到含风电场电网输电线路的有功概率潮流分布，通过改进经典的输电系统规划模型，得到考虑负荷和风电场有功出力的概率分布、基于概率潮流计算的输电系统机会约束规划模型。

电力关系到国民经济的发展，关系到人民生活，关系到社会稳定。电网规划的主要目的是不断提高电网供电能力和电能质量，以满足城市经济增长和社会发展的需要。重点分析掌握负荷发展和电源规划两个重要的边界条件，创新电网规划方法，推动电网投资多样化，加强电网规划的滚动调整工作。科学合理的电网规划可指导区域智能电网建设，对合理安排电网建设项目、建设时机、资金投入，满足国民经济对电力需求，保证今后电网安全、稳定、经济运行，获取最大的经济效益和社会效益均具有十分重要的意义。

2.2 区域智能电网的主动规划及控制策略

2.2.1 区域智能电网主动控制手段及策略

随着世界能源体系的变革，在建设智慧能源的背景下，大量具有间歇性、波动性的可再生能源得到开发和利用。同时，伴随着分布式电源和新能源的大量接入，配电网由传统的无源单向电网转变为有源双向电网，系统的复杂性和不确定性大大增加。传统的被动管理方式是先只能出现问题再解决问题，无法做到对于电网的异常和故障情况提前预知并进行主动调节和控制。传统的被动管理方式使配电网的规划运行面临很大挑战。关于区域智能电网主动规划的研究已经引起国内外学者的广泛关注。目前国内外针对主动配电网规划，主要有两种研究方法。

1）基于传统配电网规划的主动配电网规划方法研究

例如，SKOKM 和 SKRLECD 等人在 2006 年就提出一种统一的主动配电网动态规划模型，该模型基于模糊理论和进化算法对主动配电网进行研究。但这类方法在面对大量多元负荷接入的情况下并未考虑主动配电网的动态性和复杂性。上海交通大学程浩忠等教授采用的是基于分组交换技术的算法，其目标是确定电网结构的多阶段规划，以最大限度地减少系统的投资和运行费用。中国农业大学的高燕等教授在 2013 年提出另一种方法：主动配电网优化调度策略的目标函数不再像传统最优潮流以某一时刻网损最小或发电成本最低为目标，而是应该对整个调度周期的运行成本进行优化。这类方法虽然考虑到了目前智能电网的一些特征，但没有考虑到负荷重构等问题。

2）含分布式电源的主动配电网规划方法研究

Kuwabara H. 的团队将分布式电源作为配电网的一部分，根据系统运行的需要加以控制，对未来大规模分布式电源接入的配电网规划提出新的要求；韦刚教授则采用模糊数学方法来描述分布式电源出力的不确定性，并提出对主动配电网规划用混合编码方式的遗传算法进行求解；KaiZou 等人利用随机潮流进行计算，提出了含分布式电源的主动配电网规划不确定性规划方法；2013 年李志铿等人提出一种方法考虑分布式电源和负荷随机性，并将分布式电源作为负荷恢复的重要电源来考虑。

2.2.2 区域智能电网主动规划研究现状

针对主动配电网中的主动控制手段和策略，传统的核心控制思路是被动控制，即被动电网。传统的区域电网电力潮流一般是单向流动，在设备选型、潮流计算、继电保护等方面都是基于功率单向流动的特点来考虑的；电网传统的被动控制策略无法提前对系统异常和故障情况进行预知和控制，只有在发生故障时才会自动控制，无法灵活地对各种分布式电源进行合理控制和优化配置。传统的被动控制方式是出现问题、解决问题，缺乏预见性和全局优化的概念。由此可见，区域电网传统的被动控制手段和策略已经难以适应现阶段智慧能源背景下高渗透率的可再生能源发电接入和高效利用的要求，传统被动控制必然会向着主动控制的方向发展。

与被动控制相反，主动控制预先分析目标偏离的可能性，并拟定和采取一系列的预防性控制措施，通过提前感知、系统控制，达到统筹优化的目的，最终实现计划目标。针对区域智能电网主动控制手段和策略，国内外学者已经展开研究，并取得一定成果。

1）基于分布式电源的主动控制方法

先进的分布式电源主动控制能够有效地提高电网的调节能力，改善电网的运行控制水平。分布式电源的主动控制主要分为源侧控制和网侧控制两种。

源侧控制主要针对可再生能源并网交直流变换环节，主要涉及可再生能源最大功率追踪和源侧系统保护。陈杰等人针对变速定桨风力发电机，提出一种统一的全风速范围功率控制策略，通过扰动观察最大功率，进而对其跟踪控制找出机组的最佳功率运行关系，然后根据得出的最佳功率关系对机组实施功率反馈最大功率跟踪控制以提高其跟踪速度。钟沁宏等人采用变步长的方式对爬山法进行改进，在风速变化时能够自动搜索达到每一风速对应的最佳转速，实现了对风能的最大捕捉。对于源侧系统保护，范士雄等人利用变换器控制、直流斩波电路控制及桨距角控制联合控制方式，实现了多端直流风电系统的输入变换器保护及转速保护。

网侧控制主要针对分布式电源并网逆变器。韩莹、陈维荣等人提出两相同步旋转坐标系下基于比例-积分-谐振控制器的电压、电流双闭环逆变器控制策略，同时引入简化三电平空间矢量脉宽调制（SVPWM）算法，并在此基础上提出相电压重构方法，该控制策略对于指定次谐波具有较好的抑制作用。马兆彪等人对光伏并网系统中逆变器的控制进行了改进，提出重复控制和PI控制相结合的电流跟踪控制策略，有效抑制了电网侧和负荷侧对并网输出电流的周期性扰动，降低并网输出电流的总谐波畸变系数，并利用偏差调节原理，使逆变器输出并网电流实时跟踪参考正弦给定信号。

2）基于电网电压无功的主动控制手段

在主动配电网中，分布式电源、负荷及其他设备之间的协调配合对于区域智能电网安全、可靠、高效运行具有重要作用。大量间歇性新能源的使用及分布式电源接入电网，必然会带来电能质量、电压波动和电网稳定性等问题。对于电网无功电压的主动控制，能够较好地提高电能质量，抑制电压波动，同时对电力系统稳定运行具有重要作用。许晓艳、黄越辉等人从电网电压降落的角度研究光伏发电接入配电网前后电网电压的变化，通过计算线路电压变化系统地分析了光伏发电不同情况下接入对系统电压的影响并通过协调电容补偿、线路中央控制和逆变器无功控制提出解决电压越限的方法。裴玮等人通过公式推导的方式分析光伏并入电压特性及对放射状配电网电压分布的影响，并通过计算无功补偿需求值提出电压实时管理策略，对改善含大量光伏发电的配电网电压质量和稳定性方面起到了有效作用。赵悦、顾军等人对分布式光伏发电系统接入配电网对电压分布带来的影响，提出一种参与配电网电压调节的分布式光伏发电并网控制策略，通过改进常规的恒功率控制，使得分布式光伏能够参与配电网电压调节。

3）需求侧响应的主动管理

需求侧管理能够让用户主动参与到配电网的管理中，通过分时电价引导和双向的信息通信技术，使用户将部分负荷的工作时间从用电高峰转移至用电低谷，从而达到削峰填谷的目的。对于需求侧柔性负荷的互动响应和主动控制，是将具有调节能力的负荷资源作为对象，采用与之相对应的各种需求响应措施，实现柔性负荷与电源之间的互动响应，以应对可再生能源间歇性问题，达到能源资源优化配置的目标。需求侧管理能够维持配电网中供用电的平衡，从而提高分布式电源的渗透率，而分布式电源渗透率的提高又能降低负荷的峰值，从而延缓配电网的升级。此外，需求侧响应还可以弥补分布式电源的间歇性问题。

由于传统能源与新能源在实际运行的过程中存在着一定的差异。因此具有不可控性，而运用需求侧响应技术就能够使得这一问题得到有效的解决。目前的研究主要集中在单一需求侧响应资源的控制策略设考虑多种需求侧响应资源的协调配合两个方面。于汀、刘广一等人将柔性负荷与主动配电网控制相结合，基于半定规划理论建立了以网损最小为目标的最优潮流模型，实施全网优化控制，提出了区域内分布式电源、电压无功设备、柔性负荷的协调校正控制策略；有学者提出了一种住宅负荷的模型，并在此基础上设计了一种管理方式，不仅使负荷峰值保持在安全范围内，而且最大限度地保证了用户用电的方便性；另有学者提出了一种状态序列模型，用来分析恒温控制设备负荷对价格的响应。还有研究者提出了一种基于需求侧管理模型的负荷预测控制器，能够结合天气预报和动态电价信息来预测含有高渗透率分布式电源的配电网负荷情况。

4）对于电动汽车的控制策略

电动汽车大量接入电网，其充放电行为的不确定性必定会对电网运行带来较大影响。与之相关的运行分析计算、充电设施规划、充电负荷与新能源的协调调度等问题已经引起广泛关注，系统研究电动汽车广泛接入电网后对电力系统的影响及对电动汽车充放电管理、最优调度控制已经成为重要课题。电动汽车可以作为移动的、分布式储能单元接入电网，对于电动汽车的主动控制和管理，能够起到削峰填谷的作用，进而提高电网供电的灵活性、可靠性及能源的利用效率。

有研究者基于经典最优控制理论求解单个电动汽车的控制策略，应用动态规划算法来计算每辆车的最优充电控制，通过控制电动汽车参与调频以实现其经济效益最大化。K. M. Liyanage 等人研究了通信网络延迟对于电动汽车控制的影响，利用电动汽车平抑可再生能源机组出力的间歇性问题。Duncan S. Callaway 等人研究了包括电动汽车在内的负荷侧控制问题，提出了负荷侧控制的基本框架。

通过对电网进行主动控制，实现对分布式可再生能源从被动消纳到主动引导和主动利用，同时对储能设备、柔性负荷等进行主动控制和管理，实现在灵活的网络架构下分布式电源、储能、主动负荷的协调运行和高效利用。区域智能电网的主动控制充分发挥了分布式电源、柔性负荷的优势，实现源网荷的协调运行，使电网由被动变为主动，为电网主动规划带来深远影响。

2.3　区域智能电网的拓展规划方法

随着智能电网的不断发展，使得源网荷结构发生重大变化，三者之间的关系日益紧密。电网与电源协调下的拓展规划是复杂的多变量、多约束条件的优化问题，同时具有非线性、动态性、多目标性和不确定性的特点，将源网荷割裂开来进行单独考虑的规划方法不能够充分发挥分布式电源的优势，无法实现电力系统的灵活调度和高效运行。传统电网规划中将电源规划和电网规划分开单独考虑的方法已难以满足新形势下的区域智能电网的规划要求，考虑源网荷协调运行能够充分协调利用各种可再生能源和分布式电源，在灵活的网架结构下，满足各种柔性负荷的需求，提高区域智能电网的灵活性、可靠性。综合考虑源网荷协调运行的拓展规划已经成为国内外学者研究的热点。

对智能电网拓展规划方面的研究，主要分为源网协调的拓展规划、网荷协调的拓展规划、源荷协调的拓展规划、源网荷协调的拓展规划。

1）源网协调的拓展规划

源网协调将规模化的新能源与水电、火电等常规能源分工协作，根据电网供需平衡需要，可以通过微网、智能配电网等将数量庞大、形式多样的分布式电源进行灵活、高效的组合应用。源网协调技术的发展将大大改善间歇式能源的可预测、可调度和可控制能力。曾庆禹通过分析电力市场改革厂网分开后，国家政策、社会因素等不确定性因素对电网规划带来的不确定性，结合电力市场和电网结构，以综合资源规划的方法将电源规划的不确定性看成电网规划的一个因素，研究了电力市场的发电和输电的中期协调规划模式；张玥、王秀丽等人综合考虑了风电功率的相关性、波动性和随机性，提出了考虑风电相关性的源网规划方法，基于 Copula 理论和模糊 C 均值聚类法建立概率风电功率模型，将风电相关性引入规划层面，提出经济性最优的源网协调规划方法，并通过遗传算法求解，分析了不同系统规模下风电功率相关性对规划方案的影响。

2）网荷协调的拓展规划

负荷特性及行为特征很大程度上决定着电网的安全性和经济性，不同负荷对供电可靠性的要求是有区别的，通过电价政策激励用电侧资源进行主动的削峰填谷和平衡电力，将成为提高电力系统运行经济性和稳定性的重要手段。可中断负荷同时也是电网可调度的紧急备用“发电”容量资源。新型柔性负荷具有发电或储能的特性，网荷协调能够实现柔性负荷与电网能量的双向交互，确保电网的安全可靠运行。周战在洪泽区电网夏季负荷增长迅速的情况下，从负荷特性对电网运行的影响出发，分析了电网的供电能力，通过负荷预测，适时调整电网的运行方式，实现电网和负荷的协调规划。

3）源荷协调的拓展规划

未来智能电网由时空分布广泛的多元电源和负荷组成，电源侧和负荷侧均可作为可调度的资源。负荷侧的储能、电动汽车等可控负荷参与电网有功调节，电力用户中的工业负荷、商业负荷及居民生活负荷等作为需求侧资源能够实时响应电网需求并参与电力供需平衡，通过有效的源荷协调，柔性负荷将能够成为平衡间歇性能源功率波动的重要手段。李毅等人在研究源荷供用电效率的基础上，综合考虑源荷协调优化对微网运行费用与功率损耗的影响，分别以功率损耗最小和运行费用最小为上、下层优化目标，建立基于不确定二层规划的源荷协调优化模型；文晶、刘文颖等人利用高载能负荷作为消纳风电的重要手段，将常规电源的优化调度和高载能负荷的优化配置相结合，综合考虑风电消纳能力效益、高载能负荷调节成本和系统运行成本，建立以源荷协调运行效益最大化为目标的二层优化模型，采用改进遗传算法和二进制粒子群算法相结合的混合智能算法对模型进行求解。

4）源网荷协调的拓展规划

源网荷协调指电源、负荷与电网三者之间通过多种交互形式，实现更经济、高效和安全的提高电力系统功率动态平衡能力的目标。未来智能电网电源、电网和负荷都具备柔性特征，将会形成源网荷之间多种协调互动关系，能够实现资源的最大化利用。李逐云、雷霞等人提出了一种考虑配电公司、DG运营商和用户利益的主动配电网三层规划模型，用于协调“源”“网”“荷”三方的利益及促进资源的优化利用，采用结合支持向量机回归（SVR）拟合潮流计算的并行遗传膜算法（PGMA）对所建模型进行求解并分析了各层间的相互关系，实现“源”“网”“荷”三方的利益共赢；徐熙林、宋依群等人提出了一种基于多智能体和多层电价响应机制的配电网模糊机会约束源网荷功率协调相应方法，考虑可再生能源及主动负荷的不确定性因素和多智能体对风险的追求差异，利用模糊机会约束规划描述主动配电网与源、荷及微电网的协调互动，分别构建配电网层、直接协调源荷层和间接协调微电网层的优化模型，利用神经元网络和等价类转化处理随机规划模型中的模糊因素，并采用蝙蝠算法和黄金分割法进行求解。

在能源体系的重构、电网内部改革、电网智能化发展等多方面变化的形势下，现有研究多针对确定性环境下单一环节或单一角度分析问题，其研究方法难以处理结构复杂化、不确定性因素多元化的智能电网规划问题。急需在现有的理论基础上，深入研究智能电网中考虑多元随机因素的主动拓展规划方法。

第3章　区域智能电网随机因素的概率特性及相关性建模

本章首先描述了区域智能电网中可能存在的不确定因素，从源、网、荷、多能量流耦合、外部建设条件的不确定性对规划的影响及对多元随机因素的交互机理做出了分析；接着从单变量和多变量两个方面分析了随机因素概率密度的统一数学表达模型构建，先采用非参数核密度估计法针对单元随机变量构建了分布式风电概率密度模型并使用模糊序优化对带宽模型做出了优化，并给出了具体算例加以证明；然后采用非参数核密度估计法针对多元随机变量构建了分布式风电联合概率密度模型且提出了自适应带宽修正模型，并采用序优化算法进行求解；最后在选取湖北省某地六个风电场的实际算例中，将非参数核密度估计法同其他方法进行对比，证明了其有效性和适用性。

3.1　区域智能电网中存在的多元随机因素分析

智能配电网中存在的不确定因素可大致划分为间歇式新能源发电不确定性、设备与网络运行状态不确定性、负荷与需求侧响应不确定性、信息物理系统不确定性与多能量流耦合不确定性五个方面，分别对应源、网、荷、信息系统与外部异质能源系统的不确定问题。

3.1.1 间歇式新能源发电的随机特性及其对规划的影响

间歇式新能源的分布式电源受环境等因素的影响，其有功出力具有较强的不确定性，其不确定性及混沌特性远比负荷突出，且时变态势往往与常规负荷曲线的形态不同。风电与光伏作为间歇式新能源发电的典型代表，与传统火电、水电机组的特性不同，一方面，从其出力特性上来说，风速受自然条件的影响较大，其出力大小随风速的变化而变化，具有明显的随机性；光伏发电出力与光照强度有直接关系，太阳光的辐射强度受云层遮挡程度的影响，云层遮挡对阳光有衰减效应，天气变化时云层对太阳辐射强度的衰减效应是随机的，所以光伏发电出力也具有随机性。另一方面，从发电预测来说，传统的电源功率预测一般都是确定性的点预测，它只能提供未来功率可能出现的一个值，因此仅确定性的功率预测曲线并不能全面地对新能源发电功率的不确定性做出定量分析。目前可再生能源发电的功率预测精度仍难以令人满意，其中风电和光伏的预测误差一般为20%～30%。此外，间歇式可再生能源向电能转换的过程也进一步增加了诸多不确定性，如风机脱网、检修及由风速越限引起的切入/切出，最大功率追踪与远程调节等运行模式的变化，谐波发射水平、阻尼能力等机组运行特性的变化等。

配电网规划的主要任务是根据规划期间网络中负荷预测的结果和现有网络的基本状况确定最优的系统建设方案，在满足负荷增长和安全可靠供应电能的前提下，使配电系统的建设或运行费用最小。间歇式新能源电源的出现给传统的配电网规划带来了实质性的挑战。由于大量用户安装可再生能源发电单元，增加了配电网规划人员准确预测负荷的难度，从而影响后续的规划。可再生能源发电单元安装在不同的配电网节点，会给配电网带来不同的影响。若接入位置适当可以减少电能损耗，推迟或减少电网升级改造的投资，若是接入容量和接入位置不当也会导致电能损耗的增加、节点电压的不稳定或故障电流的大小方向改变，进而影响配电网的规划。因此，配电网规划人员在选择最优方案时必须考虑间歇式新能源发电的随机特性所带来的影响。

3.1.2 设备与网络运行状态的随机特性及其对规划的影响

设备与网络运行状态的随机特性包括设备运行状态的随机性及其地理分布的不确定性。一方面，众多新能源电源并入电网给输电设备的安全运行带来了隐患，以风电为例，由于风电场并网点较为分散，而每一个风电场的发电出力都具有随机性，大量风电场发电出力的随机性交杂在一起，从而加剧了设备运行状态的随机性。同时，由于风电场在电网中所处地理位置的差异，电网的网络拓扑、线路参数、风电场与线路之间的相对位置、风力发电系统现场的风速状况、风机的物理特性、轮毂高度、周边地形地貌等都是影响设备运行状态的不确定性因素。另一方面，随着电力市场化的改革，诸多政策对电能各方面要求的提高会影响未来新机组的建设地点、容量、投运时间，以及旧机组的检修、淘汰时间等，增加了电网系统中发电侧设备的不确定性。此外，在智能配电网中，由气候条件、使用寿命、外部故障冲击等内外扰动因素引起的设备运行状态不确定性会逐渐凸显。这些都体现了设备与网络运行状态的随机特性。

在诸多不确定性因素的环境下，未考虑设备与网络运行状态随机特性的传统输电网规划方法的不足可能导致其得到的规划网架在未来的运行过程中存在安全隐患，严重时甚至会造成大面积的停电事故。电网兼具能量的生产、配送和存储属性，各设备和线路运行正常与否，直接影响供能的可靠性。因此，在电网规划阶段，需要评估因故障、保护等引起的设备运行状态不确定性对供电可靠性的影响，并通过方案筛选来确保系统供电可靠性达标。

3.1.3 负荷与需求侧响应的随机特性及其对规划的影响

配电网规划通常需考虑冷、热、电等多种能源类型的用能需求，这些用能需求的变化受多重因素的影响，同时也带来了诸多不确定性。对电负荷而言，不同类型（工业、商业、居民等）的负荷有着不同的变化规律，电网面向的用户类型自然会影响用电负荷需求的变化；气象对冷/热负荷有着明显的影响，气温、阴晴等气象状况的变化都会引起人们对冷/热负荷需求的变化，同时近些年气候变化较大，未来年负荷数值的不确定程度将会不断增加；近年来，煤、气等原始资源价格的不确定性波动间接造成了电价的频繁波动，也给未来的年负荷预测结果带来了很大的不确定性。此外，在智能配电网中，新型负荷特别是电动汽车等随机性负荷比重的增加将使负荷不确定水平出现明显提高。同时，随着定制电力、需求响应、虚拟电厂等多种新型供能形式、各类先进理念和技术的不断出现，用户改变自身用电、用能行为主动参与智能配用电环节成为可能。用户的参与或响应受到多重非电力系统因素的影响，心理、决策机制、市场规则及响应的时滞性等也将使各种类型负荷的不确定性特征变得更为复杂。

配电网规划工作是电力系统中极为重要的基础性工作，其结果将直接影响到输电网电力投资的多少和未来电网运行的安全稳定性。电网规划方案的制定建立在对负荷进行长期预测的基础上，负荷预测值的大小同未来社会发展、气候、政策等因素息息相关，负荷预测误差的不确定性将会影响配电系统规划，进而影响配电网运行的经济性。

3.1.4 信息物理系统的随机特性及其对规划的影响

信息物理系统（Cyber Physical System，CPS）从广义上理解，就是一个在环境感知的基础上深度融合了计算、通信和控制能力的可控、可信、可扩展的网络化物理设备系统，以安全、可靠、实时和高效的运行方式监测或控制一个物理实体。信息物理系统广泛应用于现代基础设施中，如智能电网及能源系统、智能制造中的工业控制系统就是典型的信息物理系统。由于信息物理系统运行于动态、开放和难控的物理环境之中，容易受到物理世界不确定性及各种测量误差、噪声污染和通信网络的不稳定等因素的影响，而这些不稳定的因素往往不利于信息物理系统的正常运行，如量测异常、信息传递错误、信息系统随机故障、人为信息攻击等信息系统不确定因素会直接对信息物理系统产生影响。信息系统故障通常也会使控制中心失去对相关电力设备的控制能力，由此可以看出信息物理系统具有很强的随机特性。然而，含有信息物理系统的智能电网规划问题需要考虑多维随机特性与信息和物理系统的耦合性，在确保配电系统安全和可靠性的约束条件下，追求融合系统的最佳经济性。

近年来，随着智能电网建设的不断发展，电力系统的自动化程度迅速提高，智能化和可靠性都在不断加强，能源互联网的推广也使越来越多的外部信息通过各种业务途径直接或间接影响电力系统控制决策，使电力系统日益复杂。尤其是信息物理系统的多维不确定性、深度耦合性使其规划问题更为复杂。信息物理系统规划的总体目标和约束与传统电网基本相同，但由于信息物理系统的控制功能加深了双系统的耦合性，使其规划中的约束条件、经济性和可靠性内涵发生了较大变化。而且传统配电网规划一般都基于最大负荷的静态断面，缺乏对于电网动态特性的实时跟踪和有效估计，无法准确把握电网的行为。在信息物理系统耦合特性的影响下，规划方法发生了两个重大变化：一是仿真过程中考虑控制策略；二是考虑故障等不确定情况下的方案校核，以此来进行概率性仿真，验证控制的有效性。故信息物理系统强调协调一体化规划建设，在规划设计阶段就考虑主动采取调控措施来降低规划方案未来可能的运行风险，确保该规划方案的可行性与灵活性。因此，智能电网中的诸多环节需要依赖信息物理系统的安全运行，网络安全在整个电力系统运行中扮演的角色也更加重要。信息物理系统的随机特性间接对系统的整体规划有一定的影响，研究信息物理系统的随机特性及其对规划的影响，就必须在优化规划中考虑发电、负荷、信息和物理设备随机故障等多重不确定信息的影响。

3.1.5 多能量流耦合的随机特性及其对规划的影响

电、热、冷、气等能流通过热电联产（Combined Heating and Power, CHP）/冷热电联产（Combined Cooling Heating and Power, CCHP）、电制氢、热泵等设备转化并耦合在一起构成一个多能流系统，以期实现多能协同和耦合互补。由于各异质能量具有不同的建模、分析和控制方法，其特性也会表现出多时间尺度的特点。热、冷、气等能流所含有的不确定性因素，包括热（气、冷）负荷波动、间歇性能源出力波动、设备故障、管道故障、市场的不确定性等，也会通过多能流间多时间尺度的耦合而对智能电网产生复杂的次生作用。例如，热（气、冷）负荷波动会造成系统元件故障及新能源发电渗透率的不断提高，使智能电网系统运行具有越来越多的不确定因素。间歇性新能源出力波动会影响配电系统能效的管理和提升。设备和管道故障会进一步影响配电系统供电的可靠性，在部分极端情况下甚至会扩大故障范围、降低配电系统的供电能力。市场的不确定性会增加电力市场交易价格的波动性，影响电力用户竞价与用电策略的鲁棒性。因此，含有热、冷、气等多种其他能流协同耦合的多能流系统具有很强的随机特性，在规划中需要充分考虑多能量流系统热、冷、气等其他能流所含有的随机特性。

多能量流系统规划在数学上属于混合整数非线性寻优，与传统单一能源系统的规划相比，在求解规模、时间尺度、控制变量等方面将更加多样化，其中多能量流系统耦合随机特性的处理是规划的关键。多能量流系统耦合的随机特性对电网规划的影响体现在多个方面：从热（气、冷）负荷波动的角度看，会造成系统元件工作状态发生变化，进而通过耦合节点影响电网负荷的变化；从非电网设备和管道故障的角度看，会影响多能流系统整体运行的可靠性，从而影响配电系统的安全；从市场不确定性的角度看，用户需求的电力负荷可能被其他能源负荷所取代，进一步增加了电力市场的不确定性。这些问题都会间接影响智能电网的规划。因此，在多能量流系统中，热电联产、燃气轮机的投入运行及用户用能需求所形成的多维不确定性、深度耦合性使智能电网的规划工作更加复杂。

3.1.6　区域智能电网中多元随机因素的交互机理

区域智能电网中存在诸多不确定性，而这些不确定性之间又相互影响。间歇式新能源发电的随机特性对负荷侧而言，使需求侧响应的情况更为复杂；对电网侧而言，令智能电网中电力电子设备的运行环境更加恶劣，与此同时也减弱了二次系统信息传递的可靠性。设备与网络运行状态的随机特性对发电侧而言，其调度策略会影响发电机出力；对负荷侧而言，预测负荷精度会影响用户用电的可靠性；对电网侧而言，会影响系统网架结构的规划，从而影响系统规划的经济性；对二次系统而言，设备故障及复杂的网络运行状态会影响二次系统信息传递的可靠性。负荷与需求侧响应的随机特性对发电侧而言，会影响系统的装机容量和数量的规划；对电网侧而言，会加剧电网中电力电子设备运行环境的恶劣程度，影响智能配用电，同时也间接降低了二次系统信息传递的有效性。信息物理系统的随机特性对发电侧而言，会影响发电机的日常调度；对电网侧而言，信息的误报、漏报等会导致电网设备故障率的增加；对负荷侧而言，可以给用户提供更多可供选择的能源方案。多能量流系统耦合的随机特性对发电侧而言，可能会因热电联产、燃气轮机的投入使用而影响发电机组的规划；对电网侧而言，与其他能源系统耦合将会产生耦合节点，耦合的情况将间接影响电网线路的规划；对负荷侧而言，用户需求的电力负荷可能被其他能源负荷所取代，进一步扩大了电力负荷的不确定性。随机变量相互影响图如图 3-1 所示。

综上所述，智能电网的规划需要综合考虑源、网、荷、信息系统与外部异质能源系统的不确定性问题。

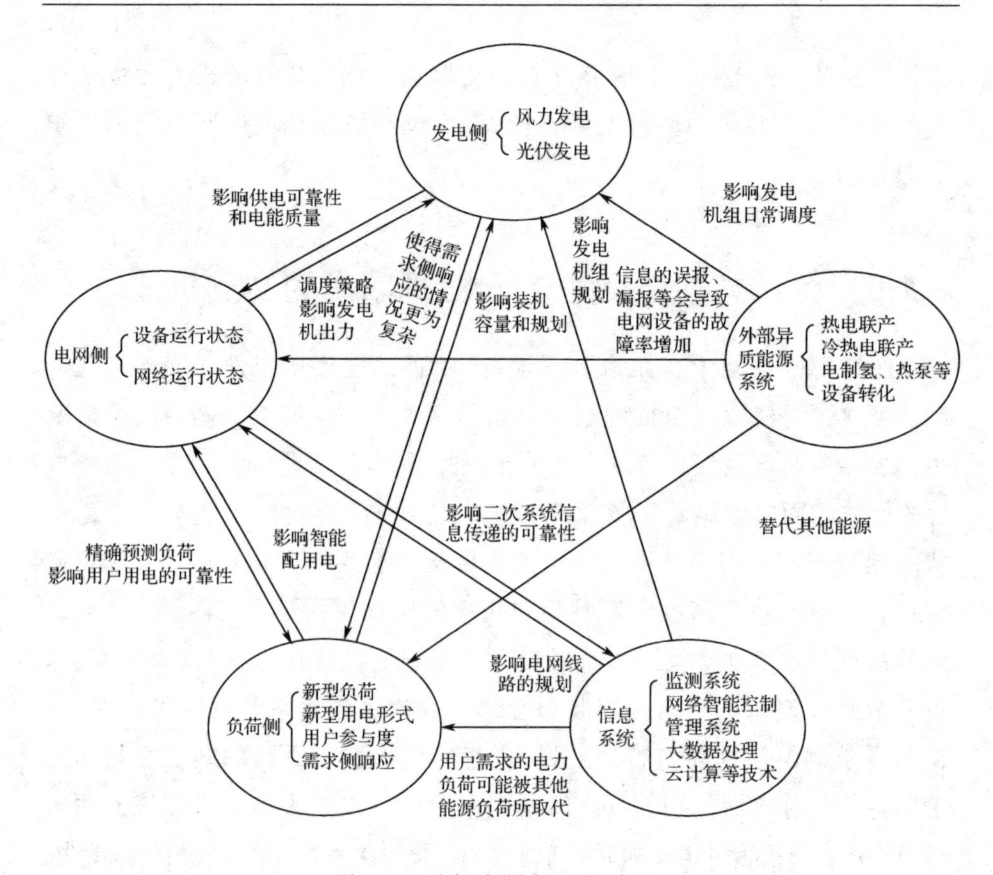

图 3-1　随机变量相互影响图

3.2　多元随机因素概率密度的统一数学表达模型构建

为解决区域智能电网随机因素的不确定性问题，概率特性建模方法是目前最常采用的方法之一，主要包括参数估计和非参数估计两类方法。

参数估计是一种需要先选取先验经验分布模型来模拟研究对象的概率密度，然后利用样本数据对先验模型进行参数估计的方法。该方法主要适用于已知或者通过长期研究可获取研究对象概率分布的情况，在此情况下，参数估计可以准确、快速地做出合理估计。但参数估计存在两个方面的缺点：一方面，由于模拟研究对象的概率密度建模方法依赖于对模型的先验界定，导致研究对象的概率密度建模过分依赖人的主观因素，一旦先验模型假设有误差，则无论样本容量多大都无法保证估计模型最终收敛于真实的样本分布；另一方面，不同地域、不同情况下的风功率、光伏输出功率等都有可能服从不同的概率密度形式，因而需要确定不同的先验模型，从而降低了概率建模方法的普遍适用性。

非参数估计则是一种不需要依赖于密度函数形式的假定，可以直接对密度函数进行估计的方法。其不需要模型的先验界定，在不知道潜在的概率密度遵循何种标准参数形式时，该方法具有极大优势，已经成为对未知分布数据模型构建和不完全数据处理的重要手段，而非参数核密度估计方法则是其中一种估计精度高且可以构建连续概率模型的方法。非参数估计方法的缺点在于需要庞大的样本数据，且从计算角度看，非参数核密度估计方法虽然在建模阶段几乎不涉及计算，但在带宽估计和评价阶段计算量却较大，这也是非参数核密度估计技术应用受到限制的原因之一。

在区域智能电网随机因素的不确定性问题中，由于研究对象的多样化，无法掌握研究对象的概率分布情况，同时涉及多地点、多工况等问题，无法对研究对象服从的概率密度形式进行具体研究。所以，综合比较参数估计和非参数估计两类方法，最终选择采用非参数估计方法研究多元随机因素概率密度的模型构建问题。

研究多元随机因素概率密度的统一数学表达模型构建，其研究对象无论是风电模型、光电模型还是负荷模型，都具有统一的数学表达模型，故本章主要以具体的分布式风电模型为例，基于非参数核密度估计理论，阐述多元随机因素概率密度的统一数学表达模型构建。

首先，研究独立单变量随机性因素的概率特性建模方法，主要包括两个步骤：非参数核密度估计模型的构建和非参数核密度估计模型的带宽优化方法；然后在此基础上，针对系统中存在的单变量随机性因素，构建其概率密度模型，验证其正确性和有效性。

3.2.1 单变量非参数核密度估计模型

设 $p_1,p_2,\cdots,p_n$ 为风电有功出力 p 在采样周期内收集的 n 个样本，则风功率概率密度函数的非参数核密度估计为

$$\hat{q}(p,l)=\frac{1}{nl}\sum_{i=1}^{n}K\left(\frac{p-p_i}{l}\right) \tag{3-1}$$

式中，$\hat{q}(p,l)$ 为基于非参数核密度估计的风功率概率密度函数；$K(p)$ 为核函数；p_i 为风电有功出力的第 i 个样本值；l 为带宽。

为保证被估计概率密度函数的连续性，核函数 $K(p)$ 需为对称平滑非负函数，其需要满足以下特性：

$$\begin{cases}\int K(p)\mathrm{d}p=1\\ \int pK(p)\mathrm{d}p=0\\ \int p^2K(p)\mathrm{d}p=c\end{cases} \tag{3-2}$$

式中，c 为常数。

这里选择高斯函数作为风功率概率密度估计的核函数，即

$$K(p)=\frac{1}{\sqrt{2\pi}}\exp\left(-\frac{p^2}{2}\right) \tag{3-3}$$

由式（3-1）和式（3-3）可知，风功率概率密度函数的非参数核密度估计可改写为

$$\hat{q}(p,l)=\frac{1}{\sqrt{2\pi}nl}\sum_{i=1}^{n}\exp\left[-\frac{1}{2}\left(\frac{p-p_i}{l}\right)^2\right] \tag{3-4}$$

3.2.2　带宽优化模型及其自适应修正策略

在非参数核密度估计模型中，带宽 l 的选择是影响核密度估计精确性的关键因素，若 l 值过大，则可能导致概率密度函数平滑性过高，从而引起较大估计误差；若 l 值过小，虽然可以提高估计精度，但可能导致概率密度函数的波动性（尤其是概率密度曲线的尾部）过高。由此可见，带宽优化的目标为选择一个合适的带宽，同时保证非参数核密度估计函数曲线的准确性和平滑性。

因此，这里分别提出两种指标来描述核密度估计函数的准确性和平滑性。其中，用于描述估计函数准确性的积分均方误差为

$$R_{\text{ise}}(l)=\int[\hat{q}(p,l)-q(p)]^2\text{d}p \tag{3-5}$$

式中，$q(p)$ 为风功率的真实概率密度函数，在风功率真实概率密度未知的情况下，一般用基于历史数据的离散统计结果替代。

用于表征核密度估计函数平滑性的滑动积分均方误差为

$$R_{\text{sme}}(l)=\int[\hat{q}(p,l)-\overline{q}(p,l)^2]\text{d}p \tag{3-6}$$

式中，$\overline{q}(p,l)$ 为非参数核密度估计函数 $\hat{q}(p)$ 的持续性分量，一般可用滑动平均方法进行提取。

由定义即可看出，上述两个指标相互制约，为实现非参数核密度估计精确性和平滑性的统筹协调，则需要保证在带宽优化过程中精确性指标 R_{ise} 和平滑性指标 R_{sme} 综合最小，因此，结合式（3-5）和式（3-6），构建带宽优化多目标模型为

$$\min R(l)=\min[R_{\text{ise}}(l),R_{\text{sme}}(l)] \tag{3-7}$$

式中，$R(l)$ 为非参数核密度估计的带宽优化目标函数。

从计算角度看，非参数核密度估计方法虽然在建模阶段几乎不涉及

计算，但在带宽估计和评价阶段计算量却较大。然而，现有非参数核密度估计方法的研究较少针对带宽优化模型的求解效率问题，因此，计算的复杂度是非参数核密度估计技术应用受到限制的原因之一。为提升非参数核密度估计方法在风功率概率密度建模问题中的适用性，这里提出了一种基于模糊序优化的带宽优化模型求解方法。序优化是一种求解复杂优化问题的有效方法，能够在目标函数复杂、计算量大的情况下以足够大的概率求出足够好的解。但传统序优化多针对单目标问题，因此，针对多目标带宽优化模型，首先基于模糊数学理论对模型进行模糊化处理，再利用序优化方法进行求解，从而有效提升了非参数核密度估计的计算效率。

模糊优化方法通过确定各目标的隶属度函数，将多目标优化问题转化为非线性单目标问题求解。根据式（3-5）和式（3-6）的特点分别构建目标函数的升半直线形隶属度函数：

$$\mu_{\text{ise}}(l)=\begin{cases}1 & ,R_{\text{ise}}(l)\geqslant R_{\text{ise}}(l)^{+}\\ \dfrac{R_{\text{ise}}(l)-R_{\text{ise}}(l)^{-}}{R_{\text{ise}}(l)^{+}-R_{\text{ise}}(l)^{-}} & ,R_{\text{ise}}(l)^{-}<R_{\text{ise}}(l)<R_{\text{ise}}(l)^{+}\\ 0 & ,R_{\text{ise}}(l)\leqslant R_{\text{ise}}(l)^{-}\end{cases} \tag{3-8}$$

$$\mu_{\text{sme}}(l)=\begin{cases}1 & ,R_{\text{sme}}(l)\geqslant R_{\text{sme}}(l)^{+}\\ \dfrac{R_{\text{sme}}(l)-R_{\text{sme}}(l)^{-}}{R_{\text{sme}}(l)^{+}-R_{\text{sme}}(l)^{-}} & ,R_{\text{sme}}(l)^{-}<R_{\text{sme}}(l)<R_{\text{sme}}(l)^{+}\\ 0 & ,R_{\text{sme}}(l)\leqslant R_{\text{sme}}(l)^{-}\end{cases} \tag{3-9}$$

式中，$R_{\text{ise}}(l)^{-}$和$R_{\text{ise}}(l)^{+}$分别是$R_{\text{ise}}(l)$的最大值和最小值；$R_{\text{sme}}(l)^{+}$和$R_{\text{sme}}(l)^{-}$分别是$R_{\text{sme}}(l)$的最大值和最小值；$\mu_{\text{ise}}(l)$和$\mu_{\text{sme}}(l)$分别是$R_{\text{ise}}(l)$和$R_{\text{sme}}(l)$的隶属度函数。

在此基础上，结合式（3-8）和式（3-9），将式（3-7）改写为

$$\min\mu(l)=\min[\mu_{\text{ise}}(l)+\mu_{\text{sme}}(l)] \tag{3-10}$$

针对模糊化后的带宽优化模型，采用序优化理论进行求解，其基本步骤如下。

（1）在带宽 l 的解空间中，依照均匀分布抽取 N 个可行解构成 Ω_1，N 的个数与解空间的大小密切相关，研究表明，在解空间小于 10^8 时，N 的个数一般选 1000。

（2）利用粗糙模型对这 N 个可行解进行评价，并根据评估结果对其进行排序，构造可行解序曲线（Ordered Performance Curve，OPC）并判定其 OPC 类型，OPC 分为 5 种类型，即 Flat 型、U 型、Neutral 型、Bell 型及 Steep 型，如图 3-2 所示。

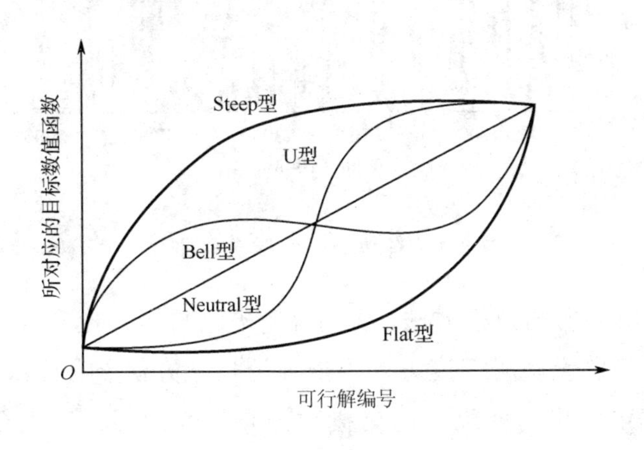

图 3-2　OPC 类型

（3）根据带宽 OPC 类型，依照式（3-11）选取前 s 个解作为观测解集 S。

$$s = e^{\alpha} k^{\beta} d^{\gamma} + \eta \tag{3-11}$$

式中，α，β，γ，η 分别为参数，与 OPC 类型有关，一旦 OPC 类型确定，相关参数也随之确定；d 为观测到的足够好解的个数；k 为 d 个观测到的足够好解中真实足够好解的个数。

（4）利用精确模型对解集 S 中的解进行评估，选取前 k 个解为真实足够好解。

3.2.3 单一风电场的风功率概率密度模型构建及验证

为验证这一模型的准确性，首先利用湖北某风电场 2009 年 3 月 17 日—4 月 17 日历史运行数据进行风功率概率特性建模，数据采样间隔为 10min，该风电场有功出力的标幺值曲线如图 3-3 所示。

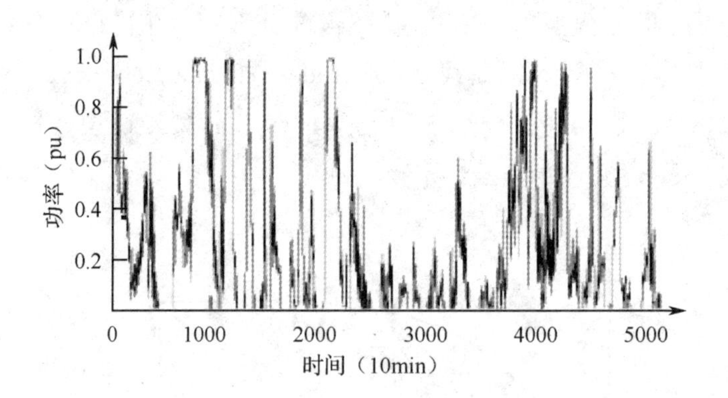

图 3-3　有功出力的标幺值曲线

分别利用本书的建模方法，杨楠等考虑大规模风电和柔性负荷的电力系统供需侧联合随机调度方法中的理论推导方法（威布尔分布）和吕晓禄等的风电场出力的纵向时刻概率分布特性的混合高斯分布方法建立风功率概率密度函数曲线，如图 3-4 所示。

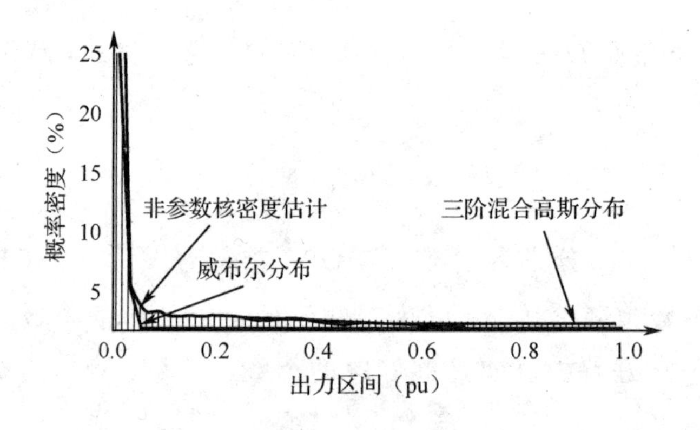

图 3-4　风功率概率密度函数曲线

为定量评估三者的建模精度，给出威布尔分布、三阶混合高斯分布及非参数核密度估计的积分均方误差值，如表 3-1 所示。

表 3-1　风功率概率密度模型的积分均方误差

模　　型	R_{ise}
威布尔分布	36.7017
三阶混合高斯分布	0.7119
非参数核密度估计	0.4768

为研究风功率建模方法的适用性，又以四川某风电场 2009 年 1 月 1—31 日的风功率历史运行数据为样本，分别采用非参数核密度估计和三阶混合高斯分布对四川某风电场的风功率概率密度进行建模，其函数曲线如图 3-5 所示。

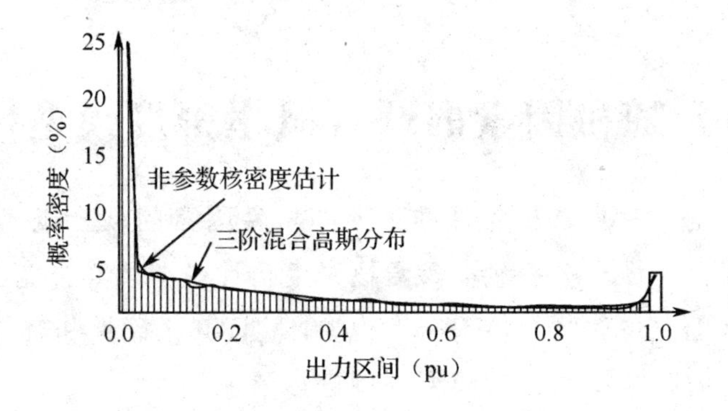

图 3-5　风功率概率密度函数曲线

由图 3-5 可知，基于非参数核密度估计的风电概率密度模型很好地拟合了风功率的实际概率特性，但基于三阶混合高斯分布的风电概率密度模型过于平滑，对于四川某风电场概率密度的拟合精度较低，尤其是在尾部拟合误差较大。其精确积分均方误差值见表 3-2。

表 3-2　风功率概率密度模型的积分均方误差

模　　型	R_{ise}
三阶混合高斯分布	3.7633
非参数核密度估计	0.7083

上述仿真结果表明，虽然同为风电场，但四川某风电场风功率遵循的潜在概率分布与湖北某风电场也可能不尽相同，而参数估计方法在样本数据先验模型未知的情况下只能采用固定分布函数进行概率密度建模，因而可能导致在某些算例中建模精度符合要求，但在另一些算例中误差较大。而本书提出的非参数核密度估计方法因为不需要确定样本数据的先验分布模型，因此不会出现上述情况。相较而言，本书提出的风功率概率模型非参数核密度估计方法不仅具有较高的建模精度，还具有更广的普遍适用性。

3.3　多元随机因素的联合概率密度模型构建

本节重点针对具有相关性的多元随机性因素的联合概率密度建模方法展开研究，提出多变量非参数核密度估计模型及其带宽优化方法。然后在此基础上构建联合概率密度模型，验证其正确性和有效性，并以分布式风电的联合概率密度模型为例进行验证。

3.3.1　多变量非参数核密度估计模型

随着我国风电能源的日益普及，大规模的风电并网已成趋势，随之而来的是大量的不确定性因素。受地区、环境特性的影响，多个风电场的出力特性可能存在一定程度的概率相关性。

假设已知 m 个风电场在采样周期内，每个风电场均有 n 个出力数据样本，且第 i 个采样点的有功功率向量为 $\boldsymbol{X}_i=[X_{i1},X_{i2},\cdots,X_{im}]^{\mathrm{T}}$，$i$=1,2,…,$n$。这 m 个风电场的出力随机变化可以用一个 m 维随机矢量 $\boldsymbol{x}=[x_1,x_2,\cdots,x_m]^{\mathrm{T}}$ 表示，它们的联合概率密度函数为 $f(x)=f(x_1,x_2,\cdots,x_m)$，则此联合概率密度函数的多变量核密度估计模型为

$$\hat{f}(\boldsymbol{x})=\frac{1}{n}\sum_{i=1}^{n}\frac{1}{|\boldsymbol{H}|^{1/2}}K[\boldsymbol{H}^{-1/2}(\boldsymbol{x}-\boldsymbol{X}_i)] \tag{3-12}$$

式中，$\boldsymbol{H}$ 为带宽矩阵，是一个 $m\times m$ 维的对称正定矩阵；$K(x)$ 为多变量核函数，必须满足下列条件：

$$\begin{cases}\int_{\mathbf{R}^m}K(\boldsymbol{x})\mathrm{d}\boldsymbol{x}=1\\ \int_{\mathbf{R}^m}\boldsymbol{x}K(\boldsymbol{x})\mathrm{d}\boldsymbol{x}=0\\ \int_{\mathbf{R}^m}\boldsymbol{x}\boldsymbol{x}^{\mathrm{T}}K(\boldsymbol{x})\mathrm{d}\boldsymbol{x}=I_m\end{cases} \tag{3-13}$$

研究表明，只要满足式（3-13），核函数的形式对于概率密度建模的精度影响就不大，因此，这里选择高斯函数作为核函数。

式（3-12）中，带宽矩阵 $\boldsymbol{H}$ 的具体形式如下：

$$\boldsymbol{H}=\begin{bmatrix}h_{11} & & & \\ & h_{22} & & \\ & & \ddots & \\ & & & h_{mm}\end{bmatrix} \tag{3-14}$$

式中，h_{mm} 表示第 m 个风电场的带宽。

对多变量非参数核密度估计建模而言，带宽矩阵选取是直接影响建模精度的最重要因素，而带宽矩阵一般通过构建带宽优化模型进行求解，由于带宽矩阵中的元素数目较多，因此计算复杂程度远远大于单变量核密度估计。为减小计算的复杂程度，这里对式（3-12）做如下简化：

$$\hat{f}_m(\boldsymbol{x})=\frac{1}{n}\sum_{i=1}^{n}\frac{1}{h_1h_2\cdots h_m}\frac{1}{\left(\sqrt{2\pi}\right)^m}\mathrm{e}^{-\frac{1}{2}M(x)} \tag{3-15}$$

式中，$M(x)$是一个多项式，其具体形式如式（3-16）所示；h_m 为第 m 个风电场的带宽，下同。

$$M(x)=\left[\left(\frac{x_1-X_{i1}}{h_1}\right)^2+\left(\frac{x_2-X_{i2}}{h_2}\right)^2+\cdots+\left(\frac{x_m-X_{im}}{h_m}\right)^2\right] \tag{3-16}$$

3.3.2 带宽优化模型及其自适应修正策略

在多变量非参数核密度估计模型中，带宽矩阵 $\boldsymbol{H}$ 的选择会直接影响所建模型的精度和平滑性，若 $\boldsymbol{H}$ 值过大，则可能导致概率密度函数 $\hat{f}(x)$ 平滑性过高，从而引起较大估计误差；若 $\boldsymbol{H}$ 值过小，虽然可以提高估计精度，但可能导致概率密度函数 $\hat{f}(x)$ 的波动性（尤其是概率密度曲线的尾部）过高。欧氏距离计算如下：

$$d_{\mathrm{O}}(\boldsymbol{H})=\sqrt{\sum_{i=1}^{n}d_{Ji}^2(\boldsymbol{H})} \tag{3-17}$$

式中，$d_{Ji}(H)$ 为第 i 个样本点的几何距离，$d_{Ji}(\boldsymbol{H})=|\hat{f}(x_i)-f(x_i)|$。

最大距离定义为：

$$d_{\mathrm{M}}(\boldsymbol{H})=\max\{d_{Ji}(\boldsymbol{H})\} \tag{3-18}$$

结合式（3-17）和式（3-18），构建兼顾模型精确性和平滑性的带宽优化模型：

$$\min R(\boldsymbol{H})=\min[d_{\mathrm{O}}(\boldsymbol{H})+d_{\mathrm{M}}(\boldsymbol{H})] \tag{3-19}$$

式中，$R(\boldsymbol{H})$是多变量非参数核密度估计的适应度函数。

由式（3-19）可知，现有的非参数核密度估计理论采用的是固定带宽矩阵 $\boldsymbol{H}$，即只求取一个 $\boldsymbol{H}$，使所有样本数据的适应度总和最小。这种处理方法有可能存在这样一种情况：即对于个别样本数据，适应度函数存在异常大的情况。如果根据这些样本数据，有针对性地对 $\boldsymbol{H}$ 进行修改，求解出适应于局部样本区间的自适应带宽矩阵，从而将原有的固定带宽矩阵改变为带宽矩阵序列，即可保证所建概率模型对于样本区间的自适应特性，并进一步提高模型的建模精度。因此，这里在前述多变量非参数核密度估计的基础上，增加如下改进策略。

在利用带宽优化模型求得初次最优带宽矩阵 $\boldsymbol{H}_Z$ 后，对于样本区间的适应度进行判别，对于任意样本区间 $l \in [l_1,l_2]$（其中 $l_2>l_1$ 且 $l_1,l_2 \in [1,n]$），如果满足以下不等式，则称该样本区间存在局部适应性问题。

$$d_{Jl}(\boldsymbol{H}_Z) \geqslant \lambda \overline{d_J(\boldsymbol{H}_Z)} \tag{3-20}$$

式中，$d_{Jl}(\boldsymbol{H}_Z)$ 为任意样本区间内的几何距离；$\overline{d_J(\boldsymbol{H}_Z)}$ 为整个样本空间的平均几何距离；λ 为调节系数。λ 越小，即筛选越严格，所需调节的区间也越多，虽然提高了建模精度，但会极大地增加模型的求解复杂度；λ 越大，则会降低求解复杂度，但模型精度也会随之下降，具体取值可根据实际测试情况确定。

其中，平均几何距离 $\overline{d_J(\boldsymbol{H}_Z)}$ 的数学表达方式为：

$$\overline{d_J(\boldsymbol{H}_Z)} = \frac{1}{n}\sum_{i=1}^{n} d_{Ji}(\boldsymbol{H}_Z) \tag{3-21}$$

针对上述存在局部适应性问题的区间，构建带宽调整模型，对带宽矩阵进行修正：

$$\boldsymbol{H}_l = \frac{n_l d_J(\boldsymbol{H}_Z)_{\text{mid}}}{\sqrt{-2\ln\delta}} \boldsymbol{H}_Z \tag{3-22}$$

式中，$\boldsymbol{H}_l$ 为 l 样本区间的带宽；n_l 为样本区间内样本的个数；$d_J(\boldsymbol{H}_Z)_{\text{mid}}$ 为样本区间内几何距离的中位数；δ 为核函数阈值。

由此，可以将式（3-15）修改为如下形式，从而提出针对多风电场联合概率密度建模的自适应多变量非参数核密度估计模型：

$$\hat{f}_m(\boldsymbol{x}) = \frac{1}{\sum\limits_{i=1}^{l_1}\prod \boldsymbol{H}_Z}\sum_{i=1}^{l_1}\frac{\omega_i}{\prod \boldsymbol{H}_Z}\frac{1}{(\sqrt{2\pi})^m}\mathrm{e}^{-M_z(x)/2} + \frac{1}{\sum\limits_{i=l_1}^{l_2}\prod \boldsymbol{H}_{l_1}}\sum_{i=l_1}^{l_2}\frac{\omega_i}{\prod \boldsymbol{H}_{l_1}}\frac{1}{(\sqrt{2\pi})^m}\mathrm{e}^{-M_{l_1}(x)/2} + \cdots + \frac{1}{\sum\limits_{i=l_{k-1}}^{l_k}\prod \boldsymbol{H}_{l_{k-1}}}\sum_{i=l_{k-1}}^{l_k}\frac{\omega_i}{\prod \boldsymbol{H}_{l_{k-1}}}\frac{1}{(\sqrt{2\pi})^m}\mathrm{e}^{-M_{l_k}(x)/2} + \frac{1}{\sum\limits_{i=l_k}^{n}\prod \boldsymbol{H}_Z}\sum_{i=l_k}^{n}\frac{\omega_i}{\prod \boldsymbol{H}_Z}\frac{1}{(\sqrt{2\pi})^m}\mathrm{e}^{-M_z(x)/2} \tag{3-23}$$

式中，需要调整的样本区间个数为 k；$\boldsymbol{H}_{l_k}$ 为区间 l_k 的修正带宽矩阵；ω_i 为量测权重。本书采用如下的量测权重 ω_i 公式：

$$\omega_i = \alpha + \exp\left(-\frac{s_i^2}{\overline{s}^2}\right) \tag{3-24}$$

式中，α 为一个很小的正数；s_i 为第 i 个量测标准差；$\overline{s} = \frac{1}{n}\sqrt{\sum\limits_{i=1}^{n} s_i^2}$ 为全部量测标准差的几何平均值。

非参数核密度估计的带宽优化本身求解较为复杂，而对这里提出的自适应多变量非参数核密度估计而言，需要求解的带宽从传统的单一参数变成一个序列矩阵，求解难度进一步增加。对此，这里提出一种基于序优化的带宽优化模型求解算法对其进行求解。

该方法目前已经成功用于单变量非参数核密度估计的带宽优化模型求解，并取得了良好效果。针对多变量非参数核密度估计的带宽优化问题，本书也采用序优化进行求解，详细求解流程如图 3-6 所示。

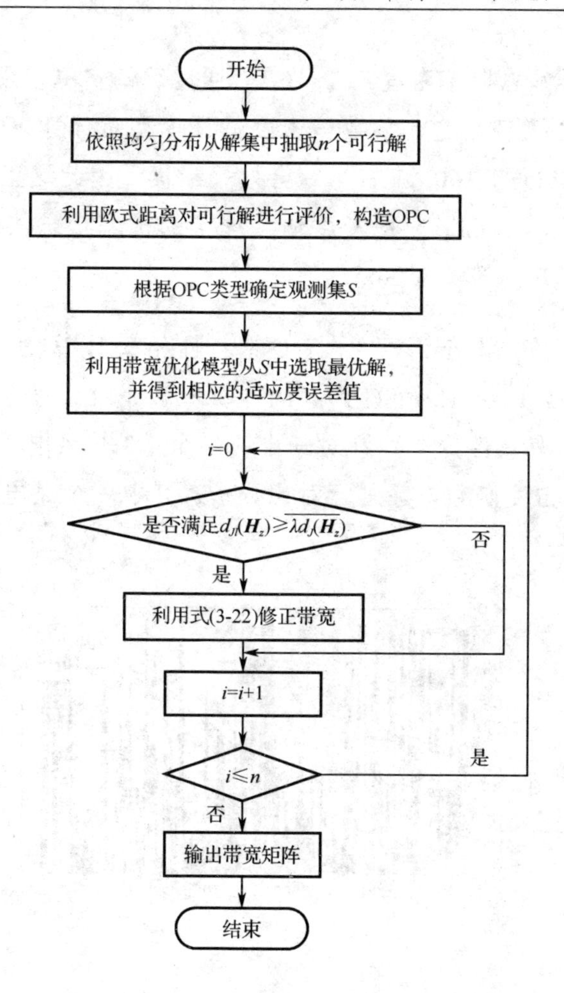

图 3-6　序优化求解流程

3.3.3　多风电场的风功率联合概率密度模型构建及验证

本书选取湖北省某地 6 个风电场同一时间段内风电出力的 4773 个采样序列作为算例，依次编号[1,4773]。采样时间间隔为 10min，采样周期为 2009 年 3 月 17 日 19:40 至 2009 年 4 月 19 日 23:00。

本书的样本区间长度针对 2 个风电场（风电场 1、2）和 3 个风电场（风电场 1、2、3 或风电场 4、5、6）分别选取 30kW 和 100kW，对于 2 个风电场，其样本总概率密度为 1.1×10^{-3}；针对 3 个风电场的频率直方图，其样本总概率密度为 1×10^{-6}。通过算例实测发现，当 $\lambda=6$ 时，本书模型较传统多变量非参数核密度估计模型总体建模精度可提高约10%，且计算时间仅 60s 左右，综合效果最优，因此这里选择令 $\lambda=6$。据刘阳升等的基于自适应核密度估计理论的抗差状态估计的性能分析及算例验证可知，δ 取 0.79655。

程序仿真在 Matlab 平台上实现，且相关计算均在英特尔酷睿 i5-4460 处理器/3.20GHz，8G 内存的计算机上完成。为验证本书所提方法的正确性和有效性，分别针对其中的 2 个、3 个风电场构建其 3 维、4 维联合概率密度函数，并进行对比分析。其中 6 个风电场的风电出力历史数据如图 3-7 所示。

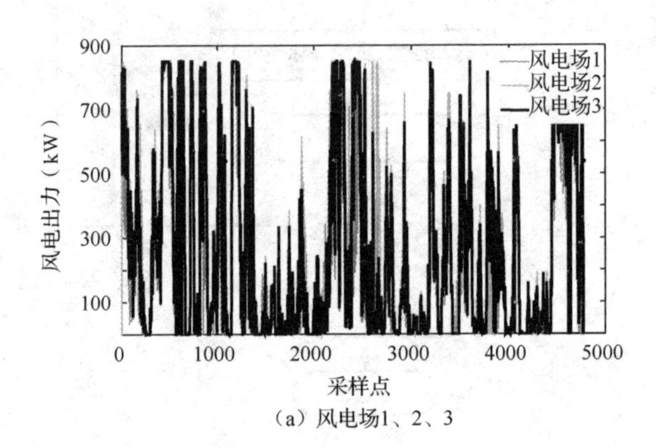

（a）风电场1、2、3

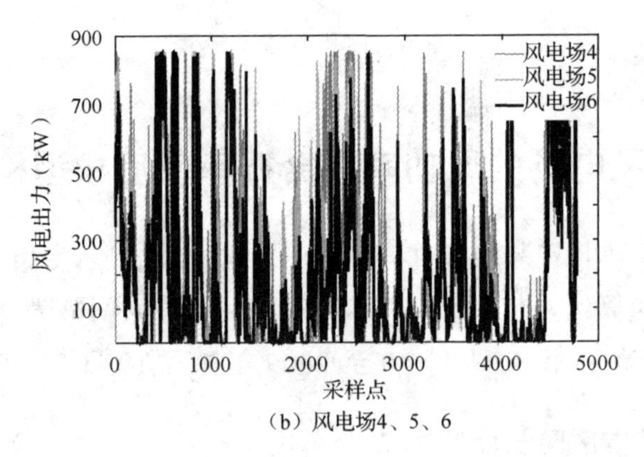

（b）风电场4、5、6

图 3-7　6 个风电场的风电出力历史数据

由图3-7可以看出，1、2、3三个风电场的出力趋势和4、5、6三个风电场间存在一定的差异，尤其是在采样点1300～2300，这种差异较为明显。

利用本书提出的自适应多变量非参数核密度估计方法，构建风电场1、2的联合概率密度函数，如图3-8所示。

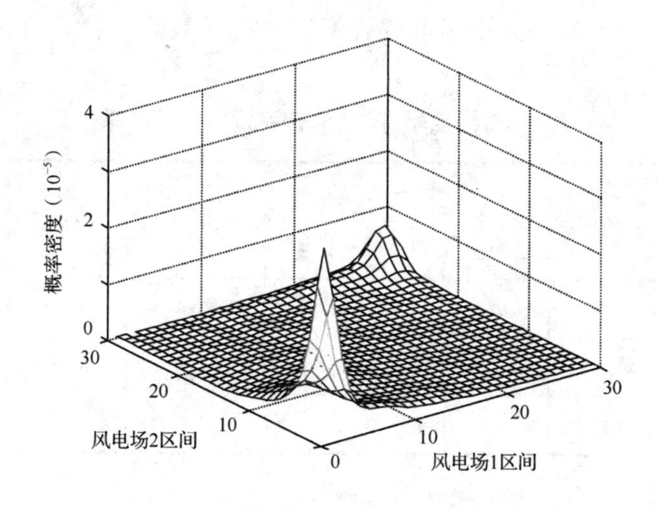

图3-8 风电场1、2的联合概率函数图

由图3-8可以看出，风电场1、2的出力具有尾部相关性，下尾相关性较弱，即风电同时出力较小的概率较小，上尾相关相对较强，即风电同时出力较大的概率较大。详细计算结果见表3-3。

表3-3 风电场4、5、6联合建模的运行结果

算法	$\boldsymbol{H}$	d_{O}	d_{M}	$R(\boldsymbol{H})$	运行时间（s）
序优化	[48.7,48.7,48.7]	5.4×10^{-8}	9×10^{-10}	5.49×10^{-8}	63.350
GA	[55,55,55]	6.93×10^{-8}	2×10^{-9}	7.13×10^{-8}	153.150
PSO	[52,52,52]	6.13×10^{-8}	1.8×10^{-9}	6.31×10^{-8}	123.110

由表3-3可知，这里提出的求解算法和传统的GA和PSO算法相比，

计算精度差别较小，但在计算效率方面具有显著优势。可见，本书提出的求解算法可以有效保证自适应多变量非参数核密度估计模型带宽求解的计算效率和精度，具有较高的有效性。

由表 3-4 可知，采用本书方法构建的风电场 1、2 的联合概率密度模型具有较低的建模误差，总体适应度仅为 6.21×10^{-5}。由此可见，本书所提方法对于两个风电场的联合概率密度函数具有较高的建模精度。

表 3-4　风电场 1、2 联合建模的运行结果

<table>
<tr><th rowspan="2">模型</th><th rowspan="2">$\boldsymbol{H}$</th><th colspan="2">样本区间</th><th rowspan="2">d_{O}</th><th rowspan="2">d_{M}</th><th rowspan="2">$R(\boldsymbol{H})$</th></tr>
<tr><th>风电场 1</th><th>风电场 2</th></tr>
<tr><td rowspan="3">自适应多变量非参数核密度估计</td><td>[44.5,44.5]</td><td>[0,90]</td><td>[0,90]</td><td rowspan="3">5.68×10^{-5}</td><td rowspan="3">5.3×10^{-6}</td><td rowspan="3">6.21×10^{-5}</td></tr>
<tr><td>[43,43]</td><td>[810,900]</td><td>[120,300]</td></tr>
<tr><td>[38.5,38.5]</td><td colspan="2">其余区间</td></tr>
</table>

为保证算例结果的一般性，这里构造针对 3 个风电场的 4 维联合概率密度函数，并在此基础上进行对比性研究。其中模型 1、2、3 依次为传统多变量非参数核密度估计模型、自适应多变量非参数核密度估计模型和综合 Copula 模型，分析如下。

1. 多变量非参数核密度估计改进前后的有效性分析

为验证本书方法与传统多变量非参数核密度估计法的区别，利用改进前后的方法分别对风电场 1、2、3 的联合概率密度进行建模，其结果见表 3-5。

由表 3-5 可知，利用本书方法所建模型的欧氏距离比传统方法的数值减少了 4.8×10^{-9}，即减少了 8.6%；最大距离较传统方法的数值减少了 1×10^{-9}，即减少了 55.6%；总体适应度降低了 10%，可见，本书提出的改进方法有效提升了多变量非参数核密度估计方法的建模精度。

表 3-5　风电场 1、2、3 联合建模的运行结果

<table>
<tr><th rowspan="2">模型</th><th rowspan="2">H</th><th colspan="3">样本区间</th><th rowspan="2">d_O</th><th rowspan="2">d_M</th><th rowspan="2">$R(\boldsymbol{H})$</th></tr>
<tr><th>风电场 1</th><th>风电场 2</th><th>风电场 3</th></tr>
<tr><td rowspan="3">1</td><td>[38.1,38.1,38.1]</td><td>[0,100]</td><td>[0,100]</td><td>[0,100]</td><td rowspan="3">5.59×10^{-8}</td><td rowspan="3">1.80×10^{-9}</td><td rowspan="3">5.77×10^{-8}</td></tr>
<tr><td>[38.1,38.1,38.1]</td><td>[700,800]</td><td>[700,800]</td><td>[200,300]</td></tr>
<tr><td>[38.1,38.1,38.1]</td><td colspan="3">其余区间</td></tr>
<tr><td rowspan="3">2</td><td>[35,35,35]</td><td>[0,100]</td><td>[0,100]</td><td>[0,100]</td><td rowspan="3">5.11×10^{-8}</td><td rowspan="3">8×10^{-10}</td><td rowspan="3">5.19×10^{-8}</td></tr>
<tr><td>[36,36,36]</td><td>[700,800]</td><td>[700,800]</td><td>[200,300]</td></tr>
<tr><td>[38.1,38.1,38.1]</td><td colspan="3">其余区间</td></tr>
</table>

进一步分析可以发现，与传统方法不同，由于本书提出的方法对[0,100]、[0,100]、[0,100]样本区间和[700,800]、[700,800]、[200,300]样本区间的带宽进行了自适应修正，从而使相应样本区间的欧氏距离分别下降了 8×10^{-9} 和 1×10^{-9}。这种改进虽然导致其他样本区间的欧氏距离增加 4.2×10^{-9}，但对整个样本区间而言，总体适应度降低了 10%。由此可见，通过对存在局部适应性问题的样本区间的带宽进行自适应调整，可以有效提升多变量非参数核密度估计方法的总体建模精度。

2. 自适应多变量非参数核密度估计和综合 Copula 参数估计的精确性对比

为验证本书方法的精确性，利用王精卫等基于综合 Copula 函数的风电出力相关性建模中的综合 Copula 函数法对风电场 1、2、3 进行联合概率密度建模，并将其结果与本书方法的建模结果对比，详细结果见表 3-6。其中最优综合 Copula 函数由 Gumbel Copula、Clayton Copula 和 Frank Copula 组成。

表 3-6　风电场 1、2、3 联合建模的运行结果

模型	$\boldsymbol{H}$	样本区间			d_{O}	d_{M}	$R(\boldsymbol{H})$
		风电场 1	风电场 2	风电场 3			
1	[35,35,35]	[0,100]	[0,100]	[0,100]	5.11×10^{-8}	8×10^{-10}	5.19×10^{-8}
	[36,36,36]	[700,800]	[700,800]	[200,300]			
	[38.1,38.1,38.1]	其余区间					
2	Copula 函数	参数 λ		参数 θ	5.92×10^{-8}	3×10^{-9}	6.22×10^{-8}
	Gumbel	0.423		3.636			
	Clayton	0.356		4.940			
	Frank	0.221		8.936			

由表 3-6 可知，利用本书方法所建模型的欧氏距离较综合 Copula 模型减少了 8.1×10^{-9}，即减少了 13.7%；最大距离较综合 Copula 模型减少了 2.2×10^{-9}，即减少了 73.3%；总体适应度降低了 16.6%，可见，本书提出的自适应多变量非参数核密度估计方法与 Copula 函数法相比具有更高的建模精度。由于本书方法是基于样本数据直接对联合概率分布进行建模，不需要提前选择样本分布的具体形式，而建模精度仅和带宽选择有关，不依赖于先验分布形式的选择结果。

3．自适应多变量非参数核密度估计和 Copula 参数估计的适用性对比

为验证本书方法的适用性，依次利用本书方法和综合 Copula 函数法对风电场 4、5、6 进行联合概率密度建模。最优综合 Copula 函数依然由 Gumbel Copula、Clayton Copula 和 Frank Copula 组成。详细的对比结果见表 3-7。

表 3-7　风电场 4、5、6 联合建模的运行结果

<table>
<tr><th rowspan="2">模型</th><th rowspan="2">$\boldsymbol{H}$</th><th colspan="3">样本区间</th><th rowspan="2">d_{O}</th><th rowspan="2">d_{M}</th><th rowspan="2">$R(\boldsymbol{H})$</th></tr>
<tr><th>风电场 4</th><th>风电场 5</th><th>风电场 6</th></tr>
<tr><td rowspan="3">2</td><td>[45,45,45]</td><td>[0,100]</td><td>[0,100]</td><td>[0,100]</td><td rowspan="3">5.4×10^{-8}</td><td rowspan="3">9×10^{-10}</td><td rowspan="3">5.49×10^{-8}</td></tr>
<tr><td>[46,46,46]</td><td>[800,900]</td><td>[800,900]</td><td>[0,100]</td></tr>
<tr><td>[48.7,48.7,48.7]</td><td colspan="3">其余区间</td></tr>
<tr><td rowspan="4">3</td><td>Copula 函数</td><td colspan="2">参数 λ</td><td>参数 θ</td><td rowspan="4">6.72×10^{-8}</td><td rowspan="4">4×10^{-9}</td><td rowspan="4">7.12×10^{-8}</td></tr>
<tr><td>Gumbel</td><td colspan="2">0.405</td><td>5.636</td></tr>
<tr><td>Clayton</td><td colspan="2">0.342</td><td>4.940</td></tr>
<tr><td>Frank</td><td colspan="2">0.253</td><td>8.936</td></tr>
</table>

由表 3-7 可知，在更换建模对象后，本书方法构建的风电场 4、5、6 联合概率密度模型依然保持了较高的建模精度，和风电场 1、2、3 模型相比，其欧氏距离小幅增加 5.7%，最大距离增加了 12.5%，总体适应度仅小幅增加了约 5.8%。虽然都采用综合 Copula 函数法，相比风电场 1、2、3，其欧氏距离增加了约 13.5%，最大距离增加了约 33.3%，总体适应度更是增加了约 14.5%。可见，基于 Copula 函数的概率密度建模方法在针对不同的风电场组合时，其建模精度出现了比较大的波动，而本书所提方法与其相比则具有较高的适用性。其原因是后者需要对联合概率分布的形式进行先验界定，而不同风电场的联合概率分布可能服从不同的分布形式，如果利用相同的分布函数来对不同风电场的联合概率分布进行参数估计建模，则有可能出现较大的误差。

第4章　区域智能电网的互动机理及动态响应特性

本章从源荷互动的丰富内涵、分类及需求响应的机理、弹性资源的分类入手，重点阐述了区域性智能电网的源荷互动策略；从理论层面分析了价格型和激励型两种需求响应的源荷互动策略的动态响应特性，进而分析了源荷互动对电网规划的影响，为区域性智能电网的主动规划模式提供了优化方向。

4.1　区域智能电网源荷互动策略的内涵及分类

在未来的区域智能电网中，电源、负荷全面互动将是其重要特征之一。一方面，大规模的分布式能源（如光伏发电、风电等）快速发展，除了常规火电、水电机组，多元柔性电源的综合开发将越来越重要；另一方面，需求侧能源消费结构发生改变，除了常规刚性负荷，储能、电动汽车、可控常规负荷等柔性负荷不仅是电网末端的用电需求方，也作为一种“资源”供给方参与电力系统规划。

4.1.1　源荷互动的内涵

源荷互动不是凭空出现的概念，而是以往规划思想的传承和发展。在早期规划中，我国电力资源匮乏，电网公司为满足电力供需的平衡而进行负荷预测，这就是源荷互动的雏形。

“源”是指发电侧的火电、水电、风电等各种大容量机组以集中发电形式，通过输电和变电环节向负荷供电；“荷”是指接入电网的弹性负荷、含源负荷、可控负荷等负荷形式，也包括向用户直接供电的分布式发电、分布式储能等发电形式。所谓互动是指在智能电网信息、监测和远程控制技术平台这些高级量测体系的支持下，负荷侧资源通过经济激励、电价机制等方式，根据电网运行控制的需要，直接作用于电网运行状态并对其产生影响的行为。源荷互动有着丰富的内涵，以相应的信息监测和控制技术为支撑，以电网公司为桥梁，统一协调电源侧和负荷侧资源，实现“源”与“荷”的良性互动，共同参与并优化电力系统的运行，以达到安全、经济与环保效益的最优。保持分布式电源和负荷在时间尺度上的同步，对于提升弹性配电网能源接纳能力具有重要意义。

4.1.2　源荷互动的分类

源荷互动的关键在于解决不同时间尺度下电力供需匹配问题，按互动模式可分为传统的源荷互动模式和新型源荷互动模式。

传统的源荷互动模式，即单一的“源随荷动”模式，电网公司通过提前预测电源侧的发电量来满足负荷侧的需求。在传统电网中，负荷被认为是近于刚性的、缺乏弹性的，电网规划的唯一任务是满足刚性负荷的需求，用户被迫接受供给侧提供的电能。这种传统的源荷互动模式的问题在于：单纯依靠增加电源、扩大装机容量或建设调峰电厂来满足负荷的需求，会给电力建设投资带来巨大的压力，同样也会造成发电资源的浪费，在很大程度上降低了能源利用率。

新型源荷互动模式，即“源随荷动、荷随网动”的友好互动模式，其中互动实现的机制是需求响应。所谓需求响应，即电力需求侧响应（Demand Response, DR），它是一种以电力需求侧管理为平台，在用户侧产生的负荷响应行为。具体指用户根据售电公司给出的一定的价格弹性交易信号做出相应的判断，并改变自身原有的消费行为。通过电源端和用户端的多种交互形式，使电源端和负荷端都可作为系统的规划资源参与电力供需平衡的控制，在满足用户端用电需求的基础上实现能源、资源的最大化利用，最终获得源荷端的双赢。需求响应技术的应用从根本上转变了依靠电力企业增加系统建设投资、扩大发电厂装机容量来满足电力负荷增长的传统源荷互动模式，电力需求侧响应结合现代电力系统发展的管理模式，通过各种措施引导用户改善其终端用电方式，从而弥补供应侧资源的不足，减少高峰电力负荷，同时降低电力系统的运营成本，提高电力系统的可靠性和市场效率。

随着电网的不断发展，加强源端与用户的良性互动，从而提高电网的灵活性和可靠性已经成为当前智能电网发展的趋势。区域智能电网的建设使需求侧出现了大量可控负荷和分布式发电设备，传统电力系统“发输变配用”的功能界限逐渐趋于模糊，这在一定程度上提高了用户主动参与电网规划的意愿，源荷互动必然会成为区域智能电网的主要特征之一，同时也将基于需求响应的源荷互动理论推到了前所未有的高度。

4.2 区域智能电网源荷互动策略的动态响应特性

负荷参与配电网主动规划主要是通过需求响应来实现的。需求响应作为一类市场化运作手段，通过鼓励电力用户主动改变自身用电行为，能够达到与供给侧资源相同的效果。此外，作为虚拟的可控资源，需求响应还能够与多种发电类型结合，使需求侧的用户具有多样化的响应能力与响应特性。

4.2.1 基于价格的需求响应动态特性

价格机制是市场机制的核心，公平合理的电价能够提供正确的经济信号，实现社会资源的优化配置。在电力市场建设初期，零售电价往往是单一固定的，这种方式忽视了系统不同时段边际供电成本的差别，造成了非高峰时段的用户对高峰时段用户的补贴。用户通过内部的经济决策过程，将用电时段调整到低电价时段，并在高电价时段减少用电，以达到减少电费支出的目的。参与此类需求响应项目的用户可以与需求响应实施机构签订相关的定价合同，用户在进行负荷调整时应是完全自愿的。

1．分时电价动态响应特性

分时电价是电力需求侧管理的一种重要方式，通过电价来引导用户改变自身用电方式，进而影响负荷，实现削峰填谷，降低发电侧成本。可以根据历史数据拟合得出响应曲线并采用需求弹性来分析用户响应。由于电力需求价格弹性更适合用于定量分析，因而被广泛应用于分析用户响应。

电量电价系数包含两个方面：一方面是自弹性系数，另一方面是交叉弹性系数。用户对当前时段电价的响应是自弹性系数的物理含义，用户对其他时段电价的响应是交叉弹性系数的物理含义。自弹性系数及交叉弹性系数的表达见式（4-1）和式（4-2）。

$$\varepsilon_{ii} = \frac{\Delta L_i}{L_i}\left(\frac{\Delta p_i}{p_i}\right)^{-1} \tag{4-1}$$

$$\varepsilon_{ij} = \frac{\Delta L_i}{L_i}\left(\frac{\Delta p_j}{p_j}\right)^{-1} \tag{4-2}$$

式中，ε_{ii}为自弹性系数；ε_{ij}为交叉弹性系数；L_i、ΔL_i分别表示时段 i 的用电量及其变化量；p_i、p_j与Δp_i、Δp_j分别表示时段 i、j 的电价和电价的变化量。

一般情况下，用户对电价的响应采用电量电价矩阵来表示，用户对电价的响应直接体现在电量上，在该矩阵已知的情况下，即知道了用户对该时段及其他时段的电价的响应，就可以得到该时段的用电量变化量或其他时段的用电量变化量。电量电价矩阵为：

$$
\boldsymbol{E}=\begin{bmatrix} \varepsilon_{11} & \varepsilon_{12} & \cdots & \varepsilon_{1n} \\ \varepsilon_{21} & \varepsilon_{22} & \cdots & \varepsilon_{2n} \\ \vdots & \vdots & \ddots & \vdots \\ \varepsilon_{n1} & \varepsilon_{n2} & \cdots & \varepsilon_{nn} \end{bmatrix} \tag{4-3}
$$

式中，n 为时段数。

当用户对电价的响应不变时，则可以通过电量电价弹性矩阵，根据电价的变化率求得用电量的变化率。

$$
\begin{bmatrix} \dfrac{\Delta L_1}{L_1} \\ \dfrac{\Delta L_2}{L_2} \\ \vdots \\ \dfrac{\Delta L_n}{L_n} \end{bmatrix}=\boldsymbol{E}\begin{bmatrix} \dfrac{\Delta p_1}{p_1} \\ \dfrac{\Delta p_2}{p_2} \\ \vdots \\ \dfrac{\Delta p_n}{p_n} \end{bmatrix} \tag{4-4}
$$

2．尖峰电价动态响应特性

根据消费者心理理论，价格对用户的行为有一定范围的影响，在这个范围内，用户会产生响应，而这个价格的高低与刺激程度有关，呈线性关系。而在电价低于此范围的电价时，这个价格的刺激就会很微弱，人们会觉得没必要做出响应，这时候产生的电价范围称为不敏感区（死区）；相反，电价高于该范围的电价时，人们对此时的价格所产生的刺激也没有大的响应，该刺激也是微弱的，近似不变，响应到了一定的极限后便与电价的高低无关，称为响应极限期（饱和区）。用户行业的区别会导致负荷转移的不同，这时需要依据历史数据拟合出与用户真实响应曲线逼近的转移率曲线。要想简单明了地得到响应曲线，可以将其表示成一个分段线性函数，其中包含了 3 个未知变量，这 3 个数值的不同致使曲线模型的差异是确定的，用户的响应是不同的，即这 3 个参数之间的差异将反映不同的价格响应。这 3 个参数分别为死区最大电价差 a、饱和区最小电价差 b 和线性斜率 K_{ab}，其中斜率 K_{ab} 与各时段的电价差有关。

尖峰电价的执行会促使负荷转移，即人们会根据不同时刻的不同电价进行选择性用电，通常都会使高电价时负荷降低，低电价时负荷增加，然后形成负荷转移。转移负荷与高价负荷的比值称为负荷转移率，用 λ 表示。该曲线模型可近似拟合成分段线性函数，如图 4-1 所示。

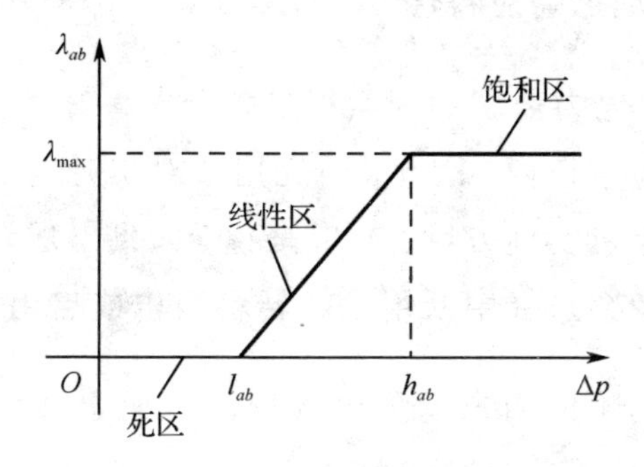

图 4-1　时段之间的负荷转移率曲线

该曲线可以用分段函数表征出 λ_{ab}：

$$\lambda_{ab}=\begin{cases}0 & ,0\leqslant\Delta p_{ab}<l_{ab}\\ K_{ab}(\Delta p_{ab}-l_{ab}) & ,l_{ab}<\Delta p_{ab}\leqslant h_{ab}\\ \lambda_{\max} & ,\Delta p_{ab}>h_{ab}\end{cases}\tag{4-5}$$

式中，Δp_{ab} 为 a 和 b 两时段之间的电价差；$[l_{ab},h_{ab}]$ 为电价差的区间，且在该区间内负荷与电价差呈线性关系；K_{ab} 为线性斜率；$\lambda_{\max}$ 为负荷转移率的最大值。

将负荷转移率分别表示为尖-峰 λ_{jf}、尖-平 λ_{jp}、峰-平 λ_{fp}、峰-谷 λ_{fg}、平-谷 λ_{pg}。所以，根据消费者心理学所建立的尖峰电价模型可以表示为分段函数：

$$L_k=\begin{cases}L_{k0}+\lambda_{jg}L_j+\lambda_{fg}L_f+\lambda_{pg}L_p,k\in T_g\\L_{k0}+\lambda_{jp}L_j+\lambda_{fp}L_f-\lambda_{pg}L_p,k\in T_p\\L_{k0}+\lambda_{jf}L_j-\lambda_{fg}L_g-\lambda_{fg}L_p,k\in T_f\\L_{k0}-\lambda_{jf}L_j-\lambda_{fg}L_j-\lambda_{jp}L_j,k\in T_j\end{cases}\tag{4-6}$$

式中，T_j、T_f、T_p、T_g分别代表不同的时段；L_{k0}和L_k分别代表尖峰电价执行前后k时段的负荷；L_j、L_f、L_p、L_g分别代表尖峰电价执行前各个时段的负荷平均值；k表示任一时段。

3．实时电价动态响应特性

由于影响用户电力需求的因素很多，个人喜好、收入、未来电力供应状况等都需要考虑在内。因此，研究用户对实时电价的响应行为有利于合理制定实时电价实施方案。一般来说，如果出现短暂的高于平均水平的电价，消费者会选择中断用电、转移用电或启用自备发电机。

为更好地规划不同用户的用电情况，在假定其他因素不变的情况下，电力消耗与电价走势呈负相关关系。这与经济学供需原理基本相符，在价格上涨时需求是下降的，在价格下降时需求是上涨的，如图 4-2 所示，q代表用电需求量，p代表电价。

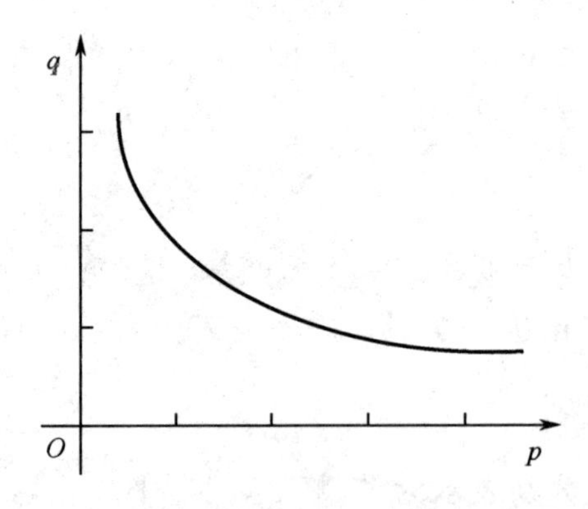

图 4-2　电力价格与电力供求关系图

不同用户群体对电价的响应不同，分析得出不同用户群的响应回归方程，如大用户、非普工业用户、农业生产用户、非居民照明用户四大类用户对电价的响应回归曲线见式（4-7）～式（4-10）。

大用户：

$$y=\begin{cases}0.6606(1-x)^{3.08}+1, x\leqslant 1\\ -0.9643(x-1)^{3.252}+1, x>1\end{cases} \tag{4-7}$$

非普工业用户：

$$y=-0.4117x+1.3582 \tag{4-8}$$

农业生产用户：

$$y=\begin{cases}1.4, 0<x\leqslant 0.5\\ 1.4-0.4\sqrt{1-4(x-1)^2}, 0.5<x\leqslant 1\\ 0.3+0.7\sqrt{1-4(x-1)^2}, 1<x\leqslant 1.5\\ 0.3, x>1.5\end{cases} \tag{4-9}$$

非居民照明用户：

$$y=-0.5152x+1.5152 \tag{4-10}$$

式中，x 表示电价相对于基准电价的标幺值，y 表示电力需求量相对于实现实时电价前电力需求量的标幺值（倍比关系）。

将 4 组曲线按照各类用户在售电结构中所占比例叠加，可合成全社会用户对电价的响应方程：

$$y=\begin{cases}0.331945(1-x)^{1.450242}, x\leqslant 1\\ -0.449984(x-1)^{1.553679}, x>1\end{cases} \tag{4-11}$$

从以上分析可知，不同用户对电价的响应略有不同，但总体服从经济学供需原理。

4.2.2 基于激励的需求响应动态特性

激励型需求响应相比价格型需求响应则在促进可再生能源大规模安全高效消纳方面具有更大潜力，原因在于激励型需求响应属于一种直接控制方式，通过直接管理负荷的用电活动使其能快速、可靠、精确地响应系统信号，跟踪、匹配可再生能源出力。可削减负荷需求响应，本质上缩小了负荷峰谷差值，并为系统提供紧急备用资源，在参与电网规划时可将其视作虚拟发电机组提供备用容量。

按照响应特性可将负荷划分为可转移负荷、可平移负荷、可削减负荷和可中断负荷。可转移负荷在特定周期内总用电量不变，而各时段的用电量可灵活调节，这类资源包括电动汽车换电站和冰蓄冷储能等；可平移负荷通常受生产生活流程约束，只能将用电曲线在不同时段间平移，这类资源包括工业流水线设备等；可削减负荷是指可根据需要对用电量进行削减的负荷，这类资源包括居民空调、大型洗衣和农村灌溉设备等；可中断负荷是指在电网高峰时段或紧急状况下，用户负荷中可以中断的部分，实施对象主要是大工业用户。

1．可转移负荷

可转移负荷在特定周期内总用电量不变，而各时段的用电量可灵活调节。电动汽车换电站是典型的可转移负荷需求响应资源。电动汽车车载电池作为一个容量较大的储能单元，当电动汽车不运行时，可以通过电能变换装置将能量传输给电网，反之，当电动汽车电池需要充电时，则可从电网获得电能。电动汽车换电站的实质是一个电量不断流失的储能系统，可以从换电站容量、最大充放电功率、最小容量阈值角度对其进行建模。

电动汽车的能源补给方式主要包括慢充、快充和换电三种方式。慢充也称为常规充电，一般需要 5～8h 才能完全充满，这种充电类型适合家庭使用；快速充电是指在应急情况下使用，充电时间约为 20min～2h，将电池电量充至80%以上;换电是指电动汽车换电站利用专用的电池更换设备,将电动汽车使用过的电池组直接更换为换电站内已经充满的电池组，整个过程可在数分钟内完成，更换下来的电池可以集中进行充放电管理。换电站参与电网互动的本质是一个容量相对固定，剩余电量随时间逐步衰减的储能系统。假设 t 时刻换电站内电池剩余电量为：

$$E(t)=E(t-1)+P(t-1)\Delta t-wD(t-1)+L(t-1) \tag{4-12}$$

$$P(t)=P_c(t)\eta_c-\frac{P_D(t)}{\eta_D} \tag{4-13}$$

式中，$E(t)$ 为 t 时刻换电站内剩余电量；$P_c(t)$ 和 $P_D(t)$ 分别为 t 时段内换电站向电网输出的功率和吸收的功率；η_c 和 η_D 分别为换电站的充放电效率；$D(t)$ 为 t 时段换电池数量需求；$L(t)$ 为 t 时刻换下的有充电需求电池的剩余电量；w 为换下电池组的额定容量。

假设用于更换的电池不参与充放电过程，根据换电需求 $D(t)$，得出换电站最大充放电功率为：

$$P_{\mathrm{MAX}}^{\mathrm{C}}(t)=(M_{\mathrm{S}}-D(t))P_{\mathrm{BAT}}^{\mathrm{C}} \tag{4-14}$$

$$P_{\mathrm{MAX}}^{\mathrm{D}}(t)=(M_{\mathrm{S}}-D(t))P_{\mathrm{BAT}}^{\mathrm{D}} \tag{4-15}$$

式中，$P_{\mathrm{MAX}}^{\mathrm{C}}$ 和 $P_{\mathrm{MAX}}^{\mathrm{D}}$ 分别为电池组充放电的最大功率；M_{S} 为换电站内充电位数量。假设换电站内电池组容量一致，每组电池充满电所需时间为 t_c，考虑未来 t_c 时间段内的换电需求，可得出换电站在 t 时刻所有电池的最小电量约束、最大电量约束不能超过站内电池总额定容量。对于每一块电池，不能超过其最大放电深度。换电站控制单元的最大最小容量分别为：

$$E_{\mathrm{MAX}}(t)=wM_{\mathrm{B}} \tag{4-16}$$

$$E_{\mathrm{MIN}}(t)=\sum_{\tau=t}^{t+t_{c-\tau}}wD\frac{t+t-\tau}{t_c}+\delta_{\mathrm{DEP}}w\left(M_{\mathrm{B}}-\sum_{\tau=t}^{t+t_{c-1}}D_\tau\right) \tag{4-17}$$

式中，M_{B}为换电站内的备用电池数量；δ_{DEP}为单块电池最大放电深度。

计算电动汽车换电站可转移电量，可以等效转换为计算满足换电站最小电量约束和备用约束条件下，换电站的充放电优化问题。

2. 可平移负荷

可平移负荷是指负荷变化规律不能改变，只能将用电曲线在不同时段间平移的一类负荷。这类负荷的代表是受生产生活流程约束的工业流水线设备，大用户直购电是这类负荷的代表。可以从合约电量和用电规律等方面对其进行建模。

大用户是指企业用户用电量在电力系统负荷中占较大的比例，并具有电压等级需求高和用电量达到一定规模等特征，交易模式称为大用户直购电。所谓直购电是指发电企业和终端大用户之间以通过直接协商的形式确定电量和购电价格，然后双方以协议的形式委托电网企业输送给终端大用户的电力交易模式。我国传统的购售电模式是由发电企业通过电力交易平台，将生产的电力卖给电网企业，电网通过输电网络将电能远距离传输并降压卖给最终用户，电网企业一直是“中间商”赚差价的角色。大用户直购电不但能够在售电侧引入竞争，完善电价形成机制，还能优化电力资源配置，提高电力系统可再生能源消纳潜力。

目前大用户直购电虽然在国内已有诸多试点，但由于参与方较少、合约电量规模有限，尚未对电网带来显著影响。但随着大用户直购电的规模化开展，其平移的负荷势必会对电网规划产生革命性影响。大用户直购电交易规模化开展后，将出现大量的双边合同，实现大用户负荷需求和发电机组出力的自平衡，将彻底改变传统的电网规划方式。由于不同的大用户用电需求和用电规律各异，因此，直购电需求响应的本质是确定电力大用户和可再生能源发电企业的交易匹配方案。当购售两侧的供需曲线关联度满足较高水平的关联阈值，其变化趋势必然相似，则认为匹配有效。定义关联匹配指标如下：

$$\sum_{t=1}^{T} r(t) = \frac{1}{n}\sum_{k=1}^{n} \xi_t(k) \tag{4-18}$$

式中，$r(t)$ 为第 t 时段下多目标关联度的熵权，其计算方法如下：

$$\xi_t(k) = \frac{\min_t \min_k \left| y(k) - y_t(k) \right| + \rho \max_t \max_k \left| y(k) - y_t(k) \right|}{\left| y(k) - y_t(k) \right| + \rho \max_t \max_k \left| y(k) - y_t(k) \right|} \tag{4-19}$$

式中，ρ 为分辨系数；n 为曲线维度；k 为大用户序号；$y(k)$ 为组合曲线均值；$y_t(k)$ 为匹配组合方案的特性曲线。

3．可削减负荷

可削减负荷是指可根据需要对用电量进行削减的负荷，这类负荷种类较多，不但包括分时电价、实时电价、尖峰电价等价格型需求响应，也包括紧急需求响应、需求侧竞价、容量市场/辅助服务等激励型需求响应。这类负荷的特点是仅在单一时段对电价或激励报酬具有敏感性，但无法转移到其他用电时段。价格型需求响应是典型的负荷调节资源，是指用户根据零售电价的变化相应地调整用电需求，主动改变原有电力消费模式的行为。价格型需求响应借助需求弹性来实现，根据经济学的需求原理定义电量的电价弹性 e_{st}，如：

$$e_{st} = \frac{\Delta L_s / L_s^0}{\Delta P_t / P_t^0}, e_{st} \leqslant 0, s = t; e_{st} > 0, s \neq t \tag{4-20}$$

式中，e_{st} 表示时刻 s 对时刻 t 的价格弹性；L_s^0 和 P_t^0 分别为价格型需求响应前时刻 s 的用电负荷和时刻 t 的用电价格；ΔL_s 和 ΔP_t 分别为价格型需求响应后时刻 s 的负荷变动量和时刻 t 的价格变动量。用户参与价格型需求响应的负荷变动量如下：

$$\begin{bmatrix} \Delta L_1 / L_1^0 \\ \Delta L_2 / L_2^0 \\ \vdots \\ \Delta L_{24} / L_{24}^0 \end{bmatrix} = \begin{bmatrix} e_{1,1} \cdots e_{1,24} \\ \vdots \quad\quad \vdots \\ e_{24,1} \cdots e_{24,24} \end{bmatrix} \begin{bmatrix} \Delta P_1 / P_1^0 \\ \Delta P_2 / P_2^0 \\ \vdots \\ \Delta P_{24} / P_{24}^0 \end{bmatrix} \tag{4-21}$$

定义用户消费电量 L_t 的电力价值 $V(L_t)$， L_t^0 为价格型需求响应前时刻 t 的负荷需求，得到价格型需求响应的初始模型如下：

$$L_t = L_t^0\left\{1+e_{\text{tt}}\frac{L_t - L_t^0}{L_t^0} + \sum_{t=1,s\neq t}^{24} e_{\text{st}}\frac{P_t - P_t^0}{P_t^0}\right\} \tag{4-22}$$

激励型的需求响应是指需求侧响应实施机构通过制定确定性的或随时间变化的政策，激励用户在系统可靠性受到影响或电价较高时及时响应并削减负荷。激励费率一般是独立或叠加于用户的零售电价之上的，并且有电价折扣或切负荷补偿这两种方式。参与此类需求侧响应项目的用户一般需要与需求侧响应的实施机构签订合同，并在合同中明确用户的基本负荷消费量和削减负荷量的计算方法、激励费率的确定方法及用户不能按照合同规定进行响应时的惩罚措施等。用户参与激励性需求响应的收益计算方法如下：

$$\Delta L^I = \sum_{t=1}^{24}\Delta L_t^d + \sum_{s=1}^{24}\Delta L_s^u \tag{4-23}$$

$$\pi^I = \sum_{t=1}^{24}\delta P_t \Delta L_t^d + \sum_{s=1,s\neq t}^{24}(1-\tau)P_s\Delta L_s^u \tag{4-24}$$

式中， ΔL^I 和 π^I 分别为用户参与激励型需求响应的负荷和收益； δ 为高价补偿率； τ 为电价折扣率； ΔL_t^d 和 ΔL_s^u 分别为时段 t 和时段 s 用户提供的上下行备用量。

4. 可中断负荷

可中断负荷作为一种需求响应技术，是一种以合约等方式允许有条件停电的负荷，在系统需要时主动或受控地采用调控手段，在允许时间内削弱部分或全部负荷，减少系统有功缺额，相当于向系统提供了备用容量。可中断负荷的基本模型为：

$$\begin{cases}\min\sum C^{\mathrm{T}}P \\ \text{s.t.}\quad g(x,t)=0 \\ h(x,t)\leqslant 0\end{cases} \tag{4-25}$$

式中，C为可中断负荷的中断成本；P为负荷中断量；$g(x,t)$和$h(x,t)$分别为实施可中断负荷时所需满足的能量平衡约束和合同内容限制约束，如最小时间间隔和中断持续时间等。

4.3　源荷互动对电网规划的影响

4.3.1　削峰填谷、延缓电网投资，提高规划的经济性

将源荷互动纳入区域智能电网规划，综合利用供应侧和需求侧资源，通过充分挖掘需求侧响应资源，用户能够积极参与到电网运行中，将自身用电负荷在不同时间段间转移或在本时间段内削减，改变原有用电方式和用电结构。电力公司根据电网负荷特性确定峰谷时段，在高峰期提高电价，而在低谷期降低电价，使用户在电费支付中权衡经济利益，自觉把高峰需求抑制到底或转移高峰需求到低谷段，引导用户改变用电方式和用电时间，多用低谷电和季节电，将白天电网负荷高峰时的大量用电负荷移入深夜电网低谷时段，降低高峰负荷对电网的压力，从而达到削峰填谷的目的。实施源荷互动策略，改变了过去仅仅依靠发电侧的发展来满足不断增长的用电需求，将需求侧作为供给侧的可替代资源参与到电网调峰中，以缓解供需矛盾，提高电力系统运行经济性。需求响应项目的实施不仅能给供电公司带来利益，还能给电力用户、发电企业及政府带来实际效益，在提高供电可靠性与电网负荷率的同时，实现电网经济运行，缓解了电源的扩建及电网的扩建，从而延缓电网投资，提高了规划的经济性。

4.3.2　改善电网运行安全性和可靠性的手段多元化

随着近年来负荷峰谷差的不断增长，中国新能源发电所占比重大幅度增加。由于间歇式新能源自身具有随机波动性、间歇性及反调峰特性，

并网后造成的利用率低、弃风弃光等问题，给电网的安全可靠运行提出了新的挑战。而源荷互动策略为电网的安全可靠运行提供了新的思路，源荷协调能够丰富微网的可调度资源，降低价格尖峰，增加可靠性备用，减少效率低的机组频繁启停，提高紧急时刻的安全性。在高级量测体系和先进通信设备的作用下，可控负荷、柔性负荷、电动汽车及安装在用户侧的储能设备等都将成为需求侧的调峰资源，与常规调峰资源共同参与电网调峰，实现发用电侧资源的综合优化配置，使得改善电网运行安全性和可靠性的手段多元化。一方面，当电源供给不足或电网供需不平衡时，用户可以主动响应参与电网互动，即根据自身的用电结构合理调整各电气设备的使用情况，从而使总体负荷曲线更加平滑，而且负荷调用比发电调度所需要的时间更短，不仅有利于缓解用电高峰期电力紧缺及供需不平衡的矛盾，还可以进一步提高电网的安全运行水平。另一方面，当风电供应较少但供电需求较大时，通过源荷互动策略，可引导或控制双向互动负荷向电网馈电；而当风电供应较大但供电需求较小时，可通过储能技术、分布式电源及电动汽车充电等手段增加用电负荷，从而达到削减高峰负荷、提高风电消纳水平的目的。与传统调峰资源相比，合理地利用需求侧资源有利于优化用电方式，提高能源使用效率，实现电力行业的节能减排，也使得改善电网运行安全性和可靠性的手段多元化。

4.3.3 引入更多不确定性因素

随着主动配电网和智能电网的快速发展，将源荷互动纳入区域智能电网规划中，优化电力基础设施管理运行从而为电网带来诸多效益的同时，还能提升社会整体资源的利用效率。然而，源荷互动也为电网规划带来更多的不确定性。一方面，源荷互动对负荷的调节作用并不总是可具体量化的，如实施分时电价对于用户参与的积极性以及用户实际的用电需求无法量化，这就直接导致用电高峰时段负荷削减量的不确定性，因此采用需求响应措施后负荷依然具有一定程度的不确定性。另一方面，由于在用户响应过程中外部环境具有不确定性，设备的不完善导致的信息不完全性及用户决策过程中对响应的认知和判断存在偏差，从而导致用户行为的不确定性。在源荷互动电力市场中，电网运行环境更加复杂多变，实施源荷互动策略为电网规划引入了更多不确定性因素。

分析源荷互动对规划的影响机理在一定程度上为区域智能电网的主动规划及优化控制提供了研究方向。在规划决策中合理考虑需求响应的影响有助于提高最终方案的总体效益。同时，源荷互动对新能源发电的贡献作用及其在电网中的位置和特性密切相关，充分利用不同负荷可调能力的互补性对改善规划方案的成本效益具有重要作用。

第5章 面向送端区域智能电网的不确定性规划方法

分布式电源的大量接入给电网带来了大量的不确定性因素，如何解决这些不确定性因素成为亟待解决的难题。考虑到利场景法、随机规划、模糊规划、机会约束和传统鲁棒等方法在解决不确定性规划上的缺陷和不足：①缺乏对规划过程中投资者、管理者掌控的人工决策和大自然掌控的不确定性决策之间动态关系的精确合理描述，特别是人工决策方面处理得过于笼统，导致其规划结果往往过于保守；②忽略不确定性变量之间的相关性对规划结果的影响。本章面向送端区域智能电网提出了一种考虑多重不确定性因素及其相关性的主动配电网二阶段动态鲁棒规划方法。

5.1 基于Cholesky分解的随机因素相关性处理

设输入随机变量风电、光伏和负荷的历史数据矩阵为$\boldsymbol{W}=[w_1,w_2,w_3]$，其相关系数矩阵$\boldsymbol{C_W}$可表示为：

$$\boldsymbol{C_W}=\begin{bmatrix} 1 & \rho_{w_1w_2} & \rho_{w_1w_3} \\ \rho_{w_2w_1} & 1 & \rho_{w_2w_3} \\ \rho_{w_1w_3} & \rho_{w_3w_2} & 1 \end{bmatrix} \tag{5-1}$$

式中，w_1与w_2的相关系数$\rho_{w_1w_2}$可根据下式计算求得：

$$\rho_{w_1w_2}=\frac{\mathrm{Cov}(w_1,w_2)}{\sigma_{w_1}\sigma_{w_2}}=\frac{\mathrm{Cov}(w_2,w_1)}{\sigma_{w_1}\sigma_{w_2}}=\rho_{w_2w_1} \tag{5-2}$$

式中，$\mathrm{Cov}(w_1,w_2)$表示随机变量w_1与w_2的协方差；σ_{w_1}和σ_{w_2}分别表示随机变量w_1与w_2的标准差。同理可求得$\rho_{w_1w_3}$、$\rho_{w_2w_3}$、$\rho_{w_3w_1}$、$\rho_{w_3w_2}$。

由于相关系数矩阵$\boldsymbol{C_W}$是正定矩阵，对其进行 Cholesky 分解可以得到：

$$\boldsymbol{C_W}=\boldsymbol{G}\boldsymbol{G}^{\mathrm{T}} \tag{5-3}$$

式中，$\boldsymbol{G}$为下三角矩阵，其中各个元素可根据下式求解得到：

$$\begin{cases} g_{kk}=\left(\rho_{w_kw_k}-\sum\limits_{s=1}^{k-1}g_{ks}^2\right)^{1/2}, & k=1,2,3 \\ g_{ik}=\dfrac{\rho_{w_iw_k}-\sum\limits_{s=1}^{k-1}g_{is}g_{ks}}{g_{kk}}, & i=k+1,k+2,3 \end{cases} \tag{5-4}$$

由式（5-1）发现，随机变量相关系数矩阵$\boldsymbol{C_W}$是对称矩阵，则存在正交矩阵$\boldsymbol{D}$，可将具有相关性的历史样本矩阵$\boldsymbol{W}$转换成随机变量相互独立的样本矩阵$\boldsymbol{Q}$：

$$\boldsymbol{Q}=\boldsymbol{D}\boldsymbol{W} \tag{5-5}$$

考虑到矩阵$\boldsymbol{Q}$的相关系数矩阵$\boldsymbol{C_Q}$为单位矩阵，则有：

$$\begin{aligned} \boldsymbol{C_Q}&=\rho(\boldsymbol{Q},\boldsymbol{Q}^{\mathrm{T}})=\rho(\boldsymbol{D}\boldsymbol{W},\boldsymbol{D}^{\mathrm{T}}\boldsymbol{W}^{\mathrm{T}}) \\ &=\boldsymbol{D}\rho(\boldsymbol{W},\boldsymbol{W}^{\mathrm{T}})\boldsymbol{D}^{\mathrm{T}}=\boldsymbol{D}\boldsymbol{C}_H\boldsymbol{D}^{\mathrm{T}} \\ &=\boldsymbol{D}\boldsymbol{G}\boldsymbol{G}^{\mathrm{T}}\boldsymbol{D}^{\mathrm{T}}=(\boldsymbol{D}\boldsymbol{G})(\boldsymbol{D}\boldsymbol{G})^{\mathrm{T}}=\boldsymbol{I} \end{aligned} \tag{5-6}$$

由式（5-6）可推导出$\boldsymbol{D}=\boldsymbol{G}^{-1}$，代入式（5-5）可得：

$$\boldsymbol{Q}=\boldsymbol{G}^{-1}\boldsymbol{W} \tag{5-7}$$

通过以上分解变换，可消除负荷、风电及光伏发电等不确定随机变量之间的相关性，形成相互独立的输入随机变量。

5.2　随机因素的不确定性参数集

鲁棒规划的核心思想在于模拟系统在不确定边界上的运行状况，以此为基础制定融合恶劣场景下的规划决策方案，其关键在于不确定性参数集的构建。

针对配电网规划中风电出力、光伏出力及负荷波动的预测不确定性问题，本章以风电出力、光伏出力及负荷历史数据为数据基础，假设配电网中各个风电机组、光伏机组和负荷均具有相同的时序特性，采取多面体不确定性集合表征的方法，将风电出力、光伏出力及负荷的不确定性分别通过无分布的有界区间 Ω 来表示：

$$\begin{cases} P_{p,t,h}^{\mathrm{W}} = S_p^{\mathrm{W}} l_h^{\mathrm{W}}, P_{p,t,h}^{\mathrm{W,PRE}} = S_p^{W} \overline{l}_h^{W}, \tilde{P}_{p,t,h}^{\mathrm{W}} = S_p^{\mathrm{W}} \tilde{l}_h^{\mathrm{W}} \\ P_{p,t,h}^{\mathrm{P}} = S_p^{\mathrm{P}} l_h^{\mathrm{P}}, P_{p,t,h}^{\mathrm{P,PRE}} = S_p^{\mathrm{P}} \overline{l}_h^{\mathrm{P}}, \tilde{P}_{p,t,h}^{\mathrm{P}} = S_p^{\mathrm{P}} \tilde{l}_h^{\mathrm{P}} \\ P_{p,t,h}^{\mathrm{L}} = b_p P_{\mathrm{base}}^{\mathrm{L}} (1+d)^{t-1} l_h^{\mathrm{L}} \\ P_{p,t,h}^{\mathrm{L,PRE}} = b_p P_{\mathrm{base}}^{\mathrm{L}} (1+d)^{t-1} \overline{l}_h^{\mathrm{L}} \\ \tilde{P}_{p,t,h}^{\mathrm{L}} = b_p P_{\mathrm{base}}^{\mathrm{L}} (1+d)^{t-1} \tilde{l}_h^{\mathrm{L}} \end{cases} \tag{5-8}$$

式中，S_p^{W} 和 S_p^{P} 分别表示风电和光伏机组的装机容量；λ_h^{W} 和 λ_h^{P} 分别表示系统风电和光伏在 h 时刻出力（标幺值）；$\overline{\lambda}_h^{\mathrm{W}}$、$\tilde{\lambda}_h^{\mathrm{W}}$ 和 $\overline{\lambda}_h^{\mathrm{P}}$、$\tilde{\lambda}_h^{\mathrm{P}}$ 分别为风电和光伏出力的均值和波动值（标幺值）；$P_{p,t,h}^{\mathrm{W}}$、$P_{p,t,h}^{\mathrm{W,PRE}}$ 和 $\tilde{P}_{p,t,h}^{\mathrm{W}}$ 分别表示第 t 年典型日 h 时刻节点 p 风电出力实际值、预测值和波动范围；$P_{p,t,h}^{\mathrm{P}}$、$P_{p,t,h}^{\mathrm{P,PRE}}$ 和 $\tilde{P}_{p,t,h}^{\mathrm{P}}$ 分别表示第 t 年典型日 h 时刻节点 p 光伏出力实际值、预测值和波动范围；λ_h^{L} 表示在 h 时刻系统负荷（标幺值），$\overline{\lambda}_h^{\mathrm{L}}$、$\tilde{\lambda}_h^{\mathrm{L}}$ 分别为其均值和波动范围；δ 表示系统年均负荷增长率；β_p 为系统节点 p 负荷率；$P_{\mathrm{base}}^{\mathrm{L}}$ 表示基准年系统总负荷；$P_{\mathrm{p,t,h}}^{\mathrm{L}}$、$P_{p,t,h}^{\mathrm{L,PRE}}$ 和 $\tilde{P}_{p,t,h}^{\mathrm{L}}$ 表示第 t 年 h 时刻节点 p 的负荷实际值、预测值和波动范围（上述波动范围可以由规划人员设定，分布式电源出力预测值可以等效为历年出力均值）。

$$
\Omega=\left\{\begin{array}{l}
\lambda_h^{\mathrm{W}} \in\left[\bar{\lambda}_h^{\mathrm{W}}-\tilde{\lambda}_h^{\mathrm{W}}, \bar{\lambda}_h^{\mathrm{W}}+\tilde{\lambda}_h^{\mathrm{W}}\right] \\
\lambda_h^{\mathrm{P}} \in\left[\bar{\lambda}_h^{\mathrm{P}}-\tilde{\lambda}_h^{\mathrm{P}}, \bar{\lambda}_h^{\mathrm{P}}+\tilde{\lambda}_h^{\mathrm{P}}\right] \\
\lambda_h^{\mathrm{L}} \in\left[\bar{\lambda}_h^{\mathrm{L}}-\tilde{\lambda}_h^{\mathrm{L}}, \bar{\lambda}_h^{\mathrm{L}}+\tilde{\lambda}_h^{\mathrm{L}}\right] \\
\dfrac{\sum\limits_t^T \sum\limits_h^H \sum\limits_{p \in \psi_{\text{wind}}}\left|\dfrac{P_{p,t,h}^{\mathrm{W}}-P_{p,t,h}^{\mathrm{W,PRE}}}{\tilde{P}_{p,t,h}^{\mathrm{W}}}\right|}{s_{\text{wind}} \times H \times T} \\
+\dfrac{\sum\limits_t^T \sum\limits_h^H \sum\limits_{p \in \psi_{\text{pvg}}}\left|\dfrac{P_{p,t,h}^{\mathrm{P}}-P_{p,t,h}^{\mathrm{P,PRE}}}{\tilde{P}_{b,t,h}^{\mathrm{P}}}\right|}{s_{\text{pvg}} \times H \times T} \\
+\dfrac{\sum\limits_t^T \sum\limits_h^H \sum\limits_{p \in \psi_{\text{load}}}\left|\dfrac{P_{p,t,h}^{\mathrm{W}}-P_{p,t,h}^{\mathrm{W,PRE}}}{\tilde{P}_{p,t,h}^{\mathrm{W}}}\right|}{s_{\text{load}} \times H \times T} \leqslant \Gamma
\end{array}\right\} \tag{5-9}
$$

式中，ψ_{wind}、ψ_{pvg}和ψ_{load}分别表示风电、光伏及负荷节点集合；s_{wind}、s_{pvg}和s_{load}分别表示风电、光伏及负荷节点数量；H=24，表示一天的时刻数；T为规划周期；Γ为不确定集合的保守度指标，该值越大，表示波动范围越大，包含的不确定性越多，集合越保守；同时也反映了规划决策者的风险偏好，该值越大，表明规划人员对不确定性的变化范围持更为谨慎的态度。

1. 目标函数

本章在配电网规划中考虑到用户参加需求响应，认为用户会根据自身利益来调整自身的用电方式，在通常情况下，用户需求侧的响应可以通过以下两种方式实现。

（1）基于分时电价的间接控制模式，用户在电价高时削减负荷，在电价低时增加负荷，达到削峰填谷的目的。

（2）主动进行负荷调整的方式，用户按照签订的合同在对应的时段对负荷进行中断。

这里采用第二种方式，同时结合配电网规划方法，建立了以投资成本与运行成本之和最小为目标的主动配电网规划模型，如式（5-10）所示：

$$\begin{cases} \min\limits_{x^{\text{inv}} x^{\text{ope}}} F(x^{\text{inv}}, x^{\text{ope}}) = C^{\text{inv}} + C^{\text{ope}} \\ \text{s.t} \ \ g(x^{\text{inv}}) \leqslant 0 \\ \quad\ \ h(x^{\text{inv}}, x^{\text{ope}}) \leqslant 0 \end{cases} \tag{5-10}$$

式中，$F(\cdot)$表示目标函数；x^{inv}表示配电网人为投资决策变量（这里包括线路拓建决策、DG选址决策及DG容量决策）；x^{ope}表示配电网模拟运行变量，主要包括大自然决策变量x^N（这里包括风电出力大小、光伏出力大小及负荷大小）和人为主动管理决策变量x^{DR}（这里主要包括DR响应电量）；$g(\cdot)$表示投资约束，通常包含设备投资安装型号、数量、容量等，$h(\cdot)$表示模拟运行约束，主要包括功率平衡约束、电压电流约束等。

1）投资成本

在进行配电网规划中设备投资成本C^{inv}主要由线路的扩建成本和DG的投资成本组成。

（1）投资年线路扩建成本$C_{\text{LI}}^{\text{Line}}$。

$$C_{\text{LI}}^{\text{Line}} = \sum_{pq \in \psi_{\text{line}}} e_{pq}^L c_{pq} l_{pq} \qquad p,q \in \psi_{\text{load}} \tag{5-11}$$

式中，ψ_{line}表示待扩建线路候选集合；p和q表示负荷节点，e_{pq}^L为0～1的变量，表示是否新建线路pq；c_{pq}为线路pq单位投资成本；l_{pq}表示线路$p-q$的长度。

（2）投资年DG投资成本$C_{\text{LI}}^{\text{DG}}$。

$$C_{\text{LI}}^{\text{DG}} = \sum_{k \in \psi_{\text{DG}}} \sum_{p \in \psi_k} e_p^k c^k S_p^k \tag{5-12}$$

式中，ψ_{DG} 表示待选分布式电源种类集合，这里包含风电及光伏发电；ψ_k 为 k 类分布式电源安装节点待选集合；e_p^k 为 0～1 的变量，表示节点 p 是否安装第 k 类分布式电源；c^k 表示 k 类分布式电源单位容量投资成本；S_p^k 为 k 类分布式电源在节点 p 安装容量。

由于各个投资设备的寿命周期不同，需将其转为同一规划周期下进行投资评估。为此，这里将设备当年的投资成本转换为投资年之后各年度的等效成本，即等年值。然后再将各设备投资成本等年值转化为现值并进行累加处理得到同一规划周期下的设备投资总成本。

$$\begin{cases} C^{\mathrm{inv}} = \sum\limits_{a\in A}\sum\limits_{t=1}^{T} u_t \lambda C_{\mathrm{LI}}^{\mathrm{a}} \\ u_t = \dfrac{1}{(1+r)^t} \\ \lambda = \dfrac{r(1+r)^{\mathrm{EL}}}{(1+r)^{\mathrm{EL}}-1} \end{cases} \tag{5-13}$$

式中，A 表示投资设备集合，这里 $A=\{\mathrm{Line},\mathrm{DG}\}$；$C_{\mathrm{LI}}^a$ 表示在第 LI 年投资设备 a 的投资成本；u_t 为现值转化因子；λ 为等年值转化系数；EL 为设备寿命；T 为规划周期，$\mathrm{LI} \leqslant T \leqslant \mathrm{LI}+\mathrm{EL}$；$r$ 为社会贴现率。

2）运行成本

运行成本 C^{ope} 主要考虑主网购电成本、弃电成本、网损成本和 DR 电量成本。

（1）主网购电成本 C_t^{trans}。

$$\begin{cases} C_t^{\mathrm{trans}} = \sum\limits_{h=1}^{H\times 365} c^{\mathrm{trans}} P_{t,h}^{\mathrm{trans}} \\ P_{t,h}^{\mathrm{trans}} = \sum\limits_{p\in\psi_{\mathrm{rest}}} (P_{p,t,h}^{\mathrm{trans}} - P_{p,t,h}^{\mathrm{DR}}) \\ P_{p,t,h}^{\mathrm{trans}} = P_{p,t,h}^{\mathrm{L}} - \sum\limits_{k\in\psi_{\mathrm{DG}}} P_{p,t,h}^{k} \end{cases} \tag{5-14}$$

式中，c^{trans} 表示单位主网购电价格；$P_{t,h}^{\text{trans}}$ 表示第 t 年 h 时刻系统主网购电量；$P_{p,t,h}^{\text{trans}}$ 表示表示第 t 年 h 时刻节点 p 的主网购电量；$P_{p,t,h}^{\text{DR}}$ 表示第 t 年节点 p 在 h 时刻的响应电量；$P_{p,t,h}^{k}$ 表示第 t 年 h 时刻 k 类分布式电源在节点 p 的出力；ψ_{rest} 为系统不存在弃电情况的节点集合；H=24，表示一天的时刻数。

（2）网损成本 C_t^{loss}。

$$\begin{cases} C_t^{\text{loss}} = \sum_{h=1}^{H\times 365} \sum_{pq\in\phi_{\text{line}}} c^{\text{loss}} P_{pq,t,h}^{\text{loss}} \\ P_{pq,t,h}^{\text{loss}} = (I_{pq,t,h})^2 e_{pq}^{\text{L}} r_{pq} \end{cases} \tag{5-15}$$

式中，c^{loss} 表示平均网损价格；ϕ_{line} 为系统线路集合；$P_{pq,t,h}^{\text{loss}}$ 表示线路 pq 第 t 年 h 时刻损耗；r_{pq} 表示线路 pq 的电阻大小；$I_{pq,t,h}$ 表示为第 t 年 h 时刻线路 pq 的电流大小，可通过对配电网进行计算得到。

（3）分布式电源弃电成本 $C_t^{\text{DG.abandon}}$。

$$\begin{cases} C_t^{\text{DG.abandon}} = C_t^{\text{W.abandon}} + C_t^{\text{P.abandon}} \\ C_t^{\text{W.abandon}} = \sum_{h=1}^{H\times 365} c^{\text{W.abandon}} (P_{p,t,h}^{\text{W,PRE}} - P_{p,t,h}^{\text{W}}) \\ C_t^{\text{P.abandon}} = \sum_{h=1}^{H\times 365} c^{\text{P.abandon}} + (P_{p,t,h}^{\text{P,PRE}} - P_{p,t,h}^{\text{P}}) \end{cases} \tag{5-16}$$

式中，c^{abandon} 表示单位弃电价格；$P_{t,h}^{\text{DG.abandon}}$ 表示系统在第 t 年 h 时刻的弃电量；$P_{p,t,h}^{\text{DG.abandon}}$ 表示第 t 年 h 时刻分布式电源在节点 p 的弃电量。

（4）DR 电量成本 C_t^{DR}。

$$C_t^{\text{DR}} = \sum_{p\in\psi_{\text{DR}}} \sum_{h=1}^{H} c^{\text{DR}} P_{p,t,h}^{\text{DR}} \tag{5-17}$$

式中，c^{DR} 表示 DR 响应价格。

将规划周期中系统各年份的各项运行成本转化为现值成本并进行累加得到总运行成本 C^{ope}。

$$C^{\mathrm{ope}}=\sum_{t=1}^{T}u_t\begin{pmatrix}C_t^{\mathrm{trans}}\\+C_t^{\mathrm{loss}}\\+C_t^{\mathrm{DG.abandon}}\\+C_t^{\mathrm{DR}}\end{pmatrix} \tag{5-18}$$

2．约束条件

1）设备投资约束

（1）DG 安装容量约束。

$$0\leqslant S_p^k\leqslant S_p^{k.\max} \tag{5-19}$$

式中，$S_p^{k.\max}$ 表示 k 类分布式电源在节点 p 的安装容量上限。

（2）DR 容量约束。

$$0\leqslant S_p^{\mathrm{DR}}\leqslant P_p^{\mathrm{L.max}} \tag{5-20}$$

式中，S_p^{DR} 表示电网公司与用户签订的 DR 容量；$P_p^{\mathrm{L.max}}$ 表示节点 p 负荷的最大值。

2）网络运行安全约束

（1）网络功率平衡约束。

$$\begin{cases}P_{p,t,h}=V_{p,t,h}\sum\limits_{q=1}^{N_{\mathrm{bus}}}V_{q,t,h}(G_{\mathrm{pq}}\cos\delta_{\mathrm{pq}}+B_{\mathrm{pq}}\sin\delta_{\mathrm{pq}})\\Q_{p,t,h}=V_{p,t,h}\sum\limits_{q=1}^{N_{\mathrm{bus}}}V_{q,t,h}(G_{\mathrm{pq}}\sin\delta_{\mathrm{pq}}-B_{\mathrm{pq}}\cos\delta_{\mathrm{pq}})\\P_{p,t,h}=P_{p,t,h}^{\mathrm{L}}-\sum\limits_{k\in\psi_{\mathrm{DG}}}P_{p,t,h}^k-P_{p,t,h}^{\mathrm{DR}}\\Q_{p,t,h}=Q_{p,t,h}^{\mathrm{L}}-\sum\limits_{k\in\psi_{\mathrm{DG}}}Q_{p,t,h}^k-Q_{p,t,h}^{\mathrm{DR}}\\G_{pq}=\dfrac{e_{pq}^{\mathrm{L}}r_{pq}}{(e_{pq}^{\mathrm{L}}r_{pq})^2+(e_{pq}^{\mathrm{L}}x_{pq})^2}\\B_{pq}=-\dfrac{e_{pq}^{\mathrm{L}}x_{pq}}{(e_{pq}^{\mathrm{L}}r_{pq})^2+(e_{pq}^{\mathrm{L}}x_{pq})^2}\end{cases} \tag{5-21}$$

式中，$P_{p,t,h}$ 和 $Q_{p,t,h}$ 分别表示第 t 年 h 时刻节点 p 有功功率及无功功率注入量；$V_{p,t,h}$ 和 $V_{q,t,h}$ 分别表示第 t 年 h 时刻节点 p 和节点 q 的电压幅值；x_{pq} 表示线路 pq 的电抗；G_{pq} 和 B_{pq} 分别表示节点导纳矩阵的实部和虚部；δ_{pq} 表示节点 p 和节点 q 的相角差。

（2）节点电压和支路电流约束。

$$\begin{cases} V_{p,t,h}^{\min} \leqslant V_{p,t,h} \leqslant V_{p,t,h}^{\max} \\ |I_{pq,t,h}| \leqslant I_{pq}^{\max} \end{cases} \tag{5-22}$$

式中，$V_{p,t,h}^{\min}$ 和 $V_{p,t,h}^{\max}$ 分别为节点 p 第 t 年 h 时刻电压幅值的最小值和最大值；$I_{pq}^{\max}$ 为线路 pq 过载临界电流。

（3）DR 电量约束。

$$0 \leqslant P_{p,t,h}^{\mathrm{DR}} \leqslant \min(S_p^{\mathrm{DR}}, P_{p,t,h}^{\mathrm{L}}) \tag{5-23}$$

3．求解算法

1）二阶锥变换

主动配电网规划属于混合整数非线性规划问题，模型中所存在的非线性项将会使求解变得复杂，当考虑到不确定性因素及需求侧响应等主动管理措施时，则进一步增加了模型的求解难度，虽可通过类似启发式的算法进行求解，但其求解效率非常低下。因此，为方便模型求解，这里首先引入二阶锥规划（Second-Order Cone Programming，SOCP）理论将上述模型转化为线性度更好二阶锥规划模型，其具体过程如下：

引入变量 $X_{p,t,h}=(V_{p,t,h})^2/\sqrt{2}$，$X_{q,t,h}=(V_{q,t,h})^2/\sqrt{2}$，$M_{pq,t,h}=V_{p,t,h}V_{q,t,h}\cos\delta_{pq}$，$N_{pq,t,h}=V_{p,t,h}V_{q,t,h}\sin\delta_{pq}$，则目标函数中的网络损耗项式（5-15）和约束条件中的约束式（5-21）、式（5-22）可以分别转化为如式（5-24）～式（5-26）所示的二阶锥表示的函数。

$$P_{pq,t,h}^{\mathrm{loss}}=(G_{pq}^2+B_{pq}^2)(\sqrt{2}X_{p,t,h}+\sqrt{2}X_{q,t,h}-2M_{pq,t,h})r_{pq} \tag{5-24}$$

$$\begin{cases} P_{p,t,h} = \sum_{q=1}^{N_{\text{bus}}} (M_{pq,t,h} G_{pq} + N_{pq,t,h} B_{pq}) \\ Q_{p,t,h} = \sum_{q=1}^{N_{\text{bus}}} (M_{pq,t,h} G_{pq} - N_{pq,t,h} B_{pq}) \\ P_{p,t,h} = P_{p,t,h}^{\text{L}} - \sum_{k \in \psi_{\text{DG}}} P_{p,t,h}^{k} - P_{p,t,h}^{\text{DR}} \\ Q_{p,t,h} = Q_{p,t,h}^{\text{L}} - \sum_{k \in \psi_{\text{DG}}} Q_{p,t,h}^{k} - Q_{p,t,h}^{\text{DR}} \\ G_{pq} = \dfrac{e_{pq}^{\text{L}} r_{pq}}{(e_{pq}^{\text{L}} r_{pq})^2 + (e_{pq}^{\text{L}} x_{pq})^2} \\ B_{pq} = -\dfrac{e_{pq}^{L} x_{pq}}{(e_{pq}^{\text{L}} r_{pq})^2 + (e_{pq}^{\text{L}} x_{pq})^2} \end{cases} \tag{5-25}$$

$$\begin{cases} (V_{p,t,h}^{\min})^2 / \sqrt{2} \leqslant X_{p,t,h} \leqslant (V_{p,t,h}^{\max})^2 / \sqrt{2} \\ (G_{pq}^2 + B_{pq}^2)\left(\sqrt{2} X_{p,t,h} + \sqrt{2} X_{q,t,h} - 2M_{pq,t,h}\right) \leqslant (I_{pq}^{\max})^2 \end{cases} \tag{5-26}$$

同时增加等式约束：

$$(M_{pq,t,h})^2 + (N_{pq,t,h})^2 = 2X_{p,t,h} X_{q,t,h} \tag{5-27}$$

上式也可以通过松弛变换转换为如下二阶锥形式：

$$\left\| \begin{matrix} \sqrt{2} M_{pq,t,h} \\ \sqrt{2} N_{pq,t,h} \\ X_{p,t,h} - X_{q,t,h} \end{matrix} \right\|_2 \leqslant X_{p,t,h} + X_{q,t,h} \tag{5-28}$$

式中，$\| \cdot \|_2$ 为欧几里得范数，上述松弛变换不影响规划结果，其最优解定会落在式（5-28）的边界上。

综上，可以发现，通过二阶锥变换后，上述模型中目标函数非线性项式（5-15）转换为线性项，节点电压和电流约束经过转换后依旧保持线性，约束条件中的网络功率平衡约束式（5-21）转换为 SOCP 形式，同时增加了 SOCP 形式的等式约束式（5-28），因此，本章模型可以进一步写为二阶锥规划模型：

$$\min_{x^{\text{inv}} x^{\text{ope}}} F(\boldsymbol{x}^{\text{inv}}, \boldsymbol{x}^{\text{ope}}) = \boldsymbol{c}^{\text{T}} \boldsymbol{x}^{\text{inv}} + \boldsymbol{d}^{\text{T}} \boldsymbol{x}^{\text{ope}} \tag{5-29}$$

式中，$\boldsymbol{x}^{\text{inv}}$表示投资决策矩阵；$\boldsymbol{c}^{\text{T}}$表示投资决策变量的系数矩阵；$\boldsymbol{x}^{\text{ope}}$模拟运行决策矩阵；$\boldsymbol{d}^{\text{T}}$表示模拟运行变量的系数矩阵。

2）二阶段动态鲁棒规划模型

结合二阶段动态鲁棒的思想，可以将本章的主动配电网规划问题描述为大自然掌控的不确定性决策与投资者、管理者掌控的人为决策之间构成的博弈关系：大自然的不确定试图恶化主动配电网系统的运行指标，而人为决策试图分两个阶段来化解大自然的不确定性所带来的危害，第一阶段为人工决策方式（这里包括线路扩建、DG的选址定容），此阶段是一个预决策过程，需要在大自然不确定性（这里包括不确定性变量风电出力、光伏出力和负荷）获知之前做出决策；第二阶段为主动控制决策（这里主要考虑需求侧响应的控制方式），此阶段是一个再决策的过程，是在观测不确定性之后做出的校正决策。综上，本章考虑需求侧响应的主动配电网规划模型可以进一步描述为如下所示的基于两阶段决策的二阶锥动态鲁棒优化问题：

$$\min_{x^{\text{inv}}} \max_{x^{\text{N}}} \min_{x^{\text{DR}}} (\boldsymbol{c}^{\text{T}} \boldsymbol{x}^{\text{inv}} + \boldsymbol{d}^{\text{T}} \boldsymbol{x}^{\text{ope}}) \tag{5-30}$$

本章大自然的不确定性通过无分布的有界区间Ω来表示，同时考虑到模型中投资成本不受大自然决策和需求侧响应控制决策的直接影响，式（5-30）可以进一步细化为：

$$\min_{\forall x^{\text{inv}}} \left\{ \boldsymbol{c}^{\text{T}} \boldsymbol{x}^{\text{inv}} + \max_{\forall P_{p,t,h}^{\text{W}}, \forall P_{p,t,h}^{\text{PVG}}, \forall P_{p,t,h}^{\text{L}} \in \Omega} \min_{\forall P_{p,t,h}^{\text{DR}}} \boldsymbol{d}^{\text{T}} \boldsymbol{x}^{\text{ope}} \right\} \tag{5-31}$$

针对上述考虑需求侧响应的主动配电网二阶锥动态鲁棒规划模型，这里引用基于Benders分解的方法进行求解。

在上述动态鲁棒规划问题中，由于当大自然决策变量$P_{p,t,h}^{\text{W}}$、$P_{p,t,h}^{\text{PVG}}$、$P_{p,t,h}^{\text{L}}$和需求侧响应决策变量$P_{p,t,h}^{\text{DR}}$进行决策时，投资决策$\boldsymbol{x}^{\text{inv}}$已给定，因

此大自然决策和需求侧响应决策之间的行为可以描述为如下以投资决策 $\boldsymbol{x}^{\text{inv}}$ 为参数的零和博弈问题：

$$\begin{cases} R(\boldsymbol{x}^{\text{inv}}) = \max\limits_{x^{\text{N}} \in \Omega} \min\limits_{x^{\text{DR}} \in y(x^{\text{inv}}, x^{\text{N}})} \boldsymbol{d}^{\text{T}} \boldsymbol{x}^{\text{ope}} \\ \text{s.t} \quad 式(5\text{-}19) \sim (5\text{-}20), 式(5\text{-}24) \sim (5\text{-}27) \end{cases} \tag{5-32}$$

式中，$R(\cdot)$ 表示大自然和需求侧响应之间的零和博弈函数；$y(\cdot)$ 表示需求侧响应决策与大自然决策、投资决策之间的综合函数关系。

从而式（5-32）可以转化为如下形式：

$$\begin{cases} \min\limits_{\forall x^{\text{inv}}} (\boldsymbol{c}^{\text{T}} \boldsymbol{x}^{\text{inv}} + \delta) \\ \text{s.t} \quad 式(5\text{-}19) \sim (5\text{-}20),\ \delta \geqslant R(\boldsymbol{x}^{\text{inv}}) \end{cases} \tag{5-33}$$

本章将原问题中获得有关最坏情况下的最优投资决策问题作为 Benders 分解主问题，即式（5-33），此问题是一个整数线性规划问题，可直接利用 CPLEX 等软件包进行求解。同时将获得最坏情况下的最优运行决策问题作为 Benders 分解子问题，即式（5-32），此问题是一个混二阶锥传统鲁棒问题，可通过 YALMIP 建模工具包和 CPLEX 求解工具包对该问题进行求解。

综上，可将本章主动配电网二阶锥动态鲁棒规划问题的 Benders 分解算法归纳成以下具体步骤。

（1）初始化。取投资决策 $\boldsymbol{x}^{\text{inv}}$ 的初始值为 $\boldsymbol{x}_1^{\text{inv}}$，此时求式（5-32）得到其最优初始运行解 $\boldsymbol{x}_1^{\text{ope}}$，同时设初始化时迭代次数 k=1，收敛下界 LB=0，收敛上界 UB=1，收敛误差 $\varepsilon > 0$。

（2）定下界。求解以下 Benders 分解主问题：

$$\begin{cases} \min\limits_{\forall x^{\text{inv}}} (\boldsymbol{c}^{\text{T}} \boldsymbol{x}^{\text{inv}} + \delta) \\ \text{s.t} \quad 式(5\text{-}19) \sim (5\text{-}20),\ \delta \geqslant R(\boldsymbol{x}_h^{\text{inv}}) \quad h \leqslant k \end{cases} \tag{5-34}$$

得到其最优解 $(\boldsymbol{x}_k^{\text{inv}}, \delta_k)$，并设：

$$\mathrm{LB}=\boldsymbol{c}^{\mathrm{T}}\boldsymbol{x}_k^{\mathrm{inv}}+\delta_k \tag{5-35}$$

（3）定上界。求解 Benders 分解子问题，如式（5-32）所示。得到其最优解 $\boldsymbol{x}_k^{\mathrm{ope}}$ 和最优值 $R(\boldsymbol{x}_k^{\mathrm{inv}})$，并设：

$$\mathrm{UB}=\boldsymbol{c}^{\mathrm{T}}\boldsymbol{x}_k^{\mathrm{inv}}+R(\boldsymbol{x}_k^{\mathrm{inv}}) \tag{5-36}$$

（4）判敛。若 $\mathrm{UB}-\mathrm{LB}\leqslant\varepsilon$，则算法结束并返回 $\boldsymbol{x}_k^{\mathrm{inv}}$ 和 $\boldsymbol{x}_k^{\mathrm{ope}}$；否则 $k=k+1$，返回第 2 步。

5.3 结果分析

设现存在一个配电系统，需建设并接入风电厂两座和光伏电站两座，分布式电源计划装机总容量不少于 2MW，同时确定新增负荷接入的线路，并制定一套负荷主动调节策略，在保障该系统未来 5 年稳定可靠运行的基础上，进一步提高系统规划运行的经济性。这里采用修改后的 IEEE33 节点系统作为算例验证本章所提方法的有效性，仿真试验均在 Matlab 环境下编程实现。修改后的 IEEE33 节点配电系统如图 5-1 所示。

新增供电台区 A、B、C、D，分别对应上图节点 34、35、36、37，各台区节点负荷有功基准值分别为 50kW、90kW、120kW、200kW。图中实线代表已存在的线路，虚线则代表各新增供电台区的待建线路走廊；节点 4、7、10、30 为风机接入的待选位置节点；节点 13、18、21、32 为光伏机组接入的待选位置节点；节点 4、8、24、32 为需求侧响应控制节点；系统电压等级为 12.66kV，基准功率为 100MVA，系统负荷年均增长率为 10%，各联络开关均断开。所涉及的相关参考价格见表 5-1，待建线路长度见表 5-2。

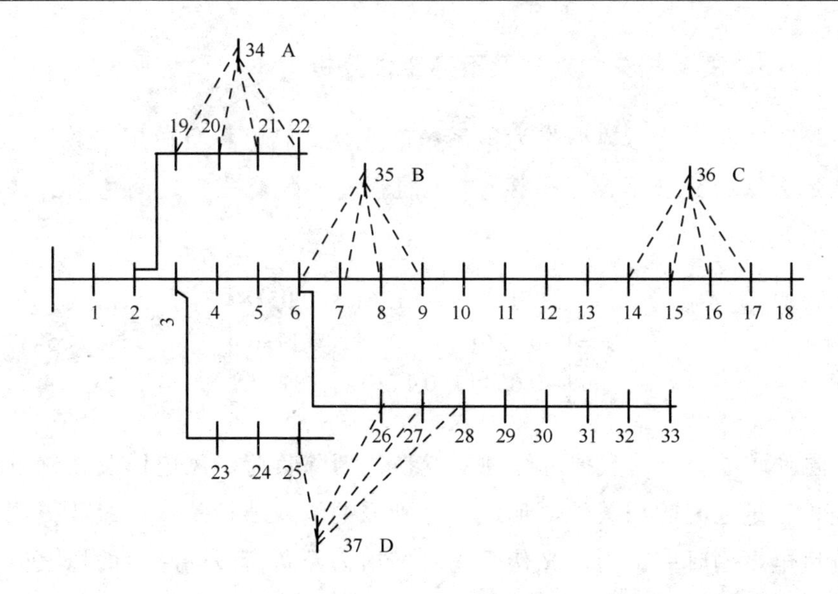

图 5-1　修改后的 IEEE33 节点配电系统

表 5-1　相关参考价格

项　　目	价　　格
主网购电价格（元/kWh）	0.6
分布式能源弃电价格（元/kWh）	0.5
风机单位容量价格（元/kW）	10000
光伏单位容量价格（元/kW）	13000
平均网损价格（元/kWh）	0.6
DR 响应价格（元/kWh）	0.2
新建线路单位造价（万元/km）	10

表 5-2　待建线路长度

<table>
<tr><td rowspan="2">线路</td><td>负荷节点</td><td colspan="4">34</td><td colspan="4">35</td><td colspan="4">36</td><td colspan="4">37</td></tr>
<tr><td>接入节点</td><td>19</td><td>20</td><td>21</td><td>22</td><td>6</td><td>7</td><td>8</td><td>9</td><td>14</td><td>15</td><td>16</td><td>17</td><td>25</td><td>26</td><td>27</td><td>28</td></tr>
<tr><td colspan="2">长度/km</td><td>12</td><td>10</td><td>8</td><td>14</td><td>12</td><td>10</td><td>14</td><td>10</td><td>12</td><td>10</td><td>14</td><td>10</td><td>12</td><td>8</td><td>14</td><td>10</td></tr>
</table>

1. 随机变量相关性处理及不确定性分析

取某地区的实际数据作为该系统的光伏、风电和负荷历史数据，通过上述方法得到表示该地区风速、光照强度和负荷三者之间关系的秩相关系数矩阵如下：

$$\boldsymbol{C}_W = \begin{bmatrix} 1 & -0.1261 & -0.0548 \\ -0.1261 & 1 & 0.1730 \\ -0.0548 & 0.1730 & 1 \end{bmatrix} \tag{5-37}$$

同时通过对原始数据进行独立变换，消除负荷、风电以及光伏发电各随机变量之间的相关性，形成相互独立的输入随机变量，统计得到该系统风电平均时序出力、光伏平均时序出力及负荷波动时序的标幺值变化曲线如图 5-2～图 5-4 所示。

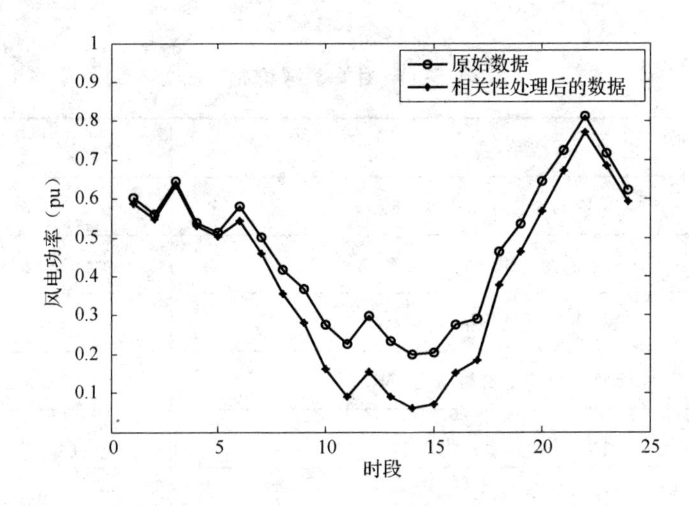

图 5-2　风电时序出力变化曲线

由图 5-2～图 5-4 可以发现，经过随机变量独立变换后，风电时序平均出力百分比整体上下降得较为明显，光伏整体上得到了明显提升，负荷有略微的下降，而各随机变量的时序变化趋势整体上保持不变。出现这种现象的主要原因是：风电与光伏、风电与负荷之间具有一定的负相关性，光伏和负荷之间具有一定的正相关性。在本章算例中，风电出力同时受到光伏和负荷负相关性叠加削弱的影响，同时光伏机组出力受到负荷正相关性的影响较受到风电负相关的影响更为明显，而负荷受到光伏正相关性的影响较受到风电负相关性的影响却相对较小。因此，在进行随机变量相关性处理后，风电平均时序出力百分比整体变小，光伏整体得到明显提升，负荷有略微下降。

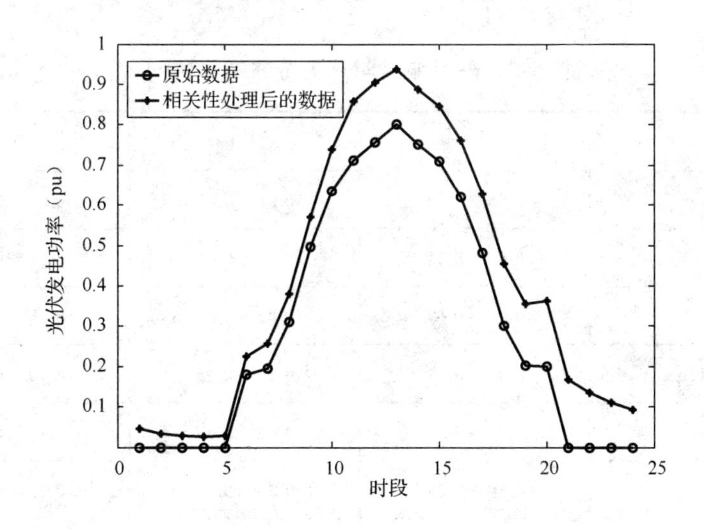

图 5-3　光伏平均时序出力变化曲线

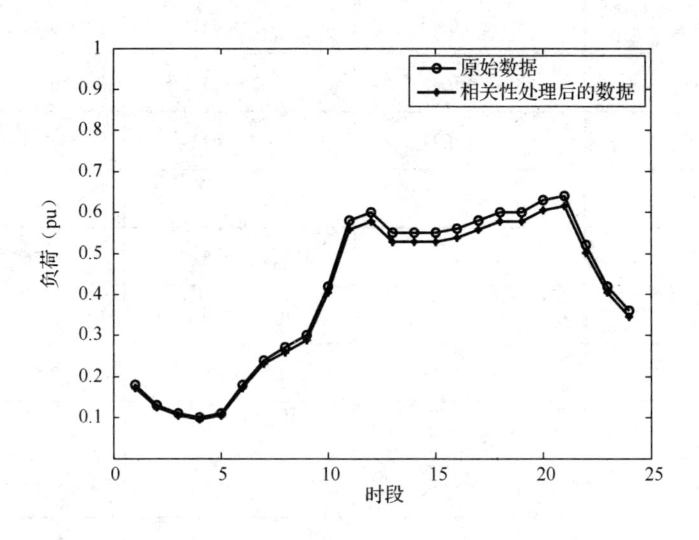

图 5-4　负荷波动时序的标幺值变化曲线

设该系统年均负荷增长率$\delta=0.1$，光伏出力、风电出力及负荷的时序波动范围$\tilde{\lambda}_h^{\mathrm{P}}=0.04$、$\tilde{\lambda}_h^{\mathrm{P}}=0.02$，$\tilde{\lambda}_h^{\mathrm{L}}=0.03$，同时设不确定集合的保守度指标$\Gamma=2$，以负荷、风电和光伏数据为样本，将经过相关性处理后的风电出力、光伏出力及负荷的时序波动不确定性分别通过无分布的有界区间来表示，见表5-3。

表5-3　随机变量时序无分布有界区间

时　刻	风　电	光　伏	负　荷
1	0.55～0.63	0.03～0.07	0.25～0.31
2	0.51～0.59	0.02～0.06	0.20～0.26
3	0.59～0.67	0.02～0.06	0.15～0.24
4	0.49～0.57	0.01～0.05	0.17～0.23
5	0.46～0.54	0.02～0.06	0.18～0.24
6	0.50～0.58	0.20～0.24	0.22～0.28
7	0.42～0.50	0.21～0.25	0.21～0.27
8	0.32～0.40	0.33～0.37	0.24～0.30
9	0.25～0.33	0.52～0.56	0.27～0.33
10	0.13～0.21	0.68～0.72	0.38～0.44
11	0.06～0.14	0.78～0.82	0.54～0.60
12	0.13～0.21	0.83～0.87	0.56～0.62
13	0.06～0.14	0.87～0.91	0.51～0.57
14	0.04～0.12	0.82～0.86	0.51～0.57
15	0.04～0.12	0.77～0.81	0.51～0.57
16	0.13～0.21	0.69～0.73	0.52～0.58
17	0.16～0.24	0.55～0.59	0.54～0.60

续表

时　刻	风　电	光　伏	负　荷
18	0.35～0.43	0.38～0.42	0.56～0.62
19	0.44～0.52	0.28～0.32	0.56～0.62
20	0.54～0.62	0.28～0.32	0.59～0.65
21	0.65～0.73	0.09～0.13	0.60～0.66
22	0.75～0.83	0.07～0.11	0.48～0.54
23	0.65～0.73	0.06～0.10	0.44～0.50
24	0.56～0.64	0.05～0.09	0.35～0.42

2. 不同场景下的规划结果对比及分析

为验证本章研究的有效性，针对本章算例分别在三种场景下进行规划决策。

场景一：考虑风电、光伏及负荷之间的相关性影响，建立考虑需求侧响应的二阶段鲁棒规划模型并进行求解。

场景二：不考虑风电、光伏及负荷之间的相关性影响，建立考虑需求侧响应的二阶段鲁棒规划模型并进行求解。

场景三：考虑风电、光伏及负荷之间的相关性影响，建立考虑需求侧响应的传统鲁棒规划模型并进行求解。

在 Matlab 环境下利用 Benders 方法对上述不同场景下的规划模型进行求解得到规划方案结果如下。

1）场景一仿真结果及分析

场景一下最优规划方案见表 5-4。

表 5-4　场景一下最优规划方案

最优规划方案	风电机组［安装节点/数量/容量（MW）］	7/6/0.6、30/8/0.8
	光伏机组［安装节点/数量/容量（MW）］	13/8/0.8、32/10/1
	线路（接入节点/负荷节点）	21/34、6/35、14/36、26/37

场景一下最优规划方案下的各项成本见表 5-5。

表 5-5　场景一下最优规划方案的各项成本

投资成本/万元	DG 投资费用	3740				
	线路扩建费用	800				
运行成本/万元（年值）	年份	第 1 年	第 2 年	第 3 年	第 4 年	第 5 年
	主网购电成本	356.37	392.33	432.015	475.599	523.768
	弃电成本	1.698	1.544	1.247	0.989	0.479
	网损成本	16.37	18.007	19.808	21.788	23.967
	需求侧响应成本	23.951	26.346	28.981	31.879	35.067
各年份运行成本/万元（年值）		398.389	438.23	482.050	530.255	583.281
各年份运行成本/万元（现值）		398.381	402.04	405.733	409.455	413.211
总运行成本/万元（现值）		2028.832				
总成本/万元（现值）		6568.832				

由上表可发现，光伏机组的安装容量比风电机组大，这是因为风电具有一定的反调峰特性，过多的风电投资会使系统在夜间负荷低谷时产生大量的弃风情况；而光伏出力主要集中在白天，较高的负荷需求会对其产生很好的消纳作用。同时可以发现系统的主网购电成本（年值）随着负荷的增加而增加，而弃电成本则随着负荷的增加而不断减小，这是因为系统增加负荷由系统两部分来承担：一部分由分布式电源来承担，

夜间增加的负荷消纳了一部分弃电量，导致了弃电成本减小；而剩余部分则由主网来承担，主网购电量的增长导致其成本的增大。

场景一中系统随机变量时序不确定性区间取值见表 5-6。

表 5-6　场景一中系统随机变量时序不确性区间取值

时　刻	负　荷	风　电	光　伏
1	0.31	0.55	0.00
2	0.26	0.51	0.00
3	0.24	0.59	0.00
4	0.23	0.49	0.00
5	0.24	0.46	0.00
6	0.28	0.50	0.20
7	0.27	0.42	0.21
8	0.30	0.32	0.33
9	0.33	0.25	0.52
10	0.44	0.13	0.68
11	0.60	0.06	0.78
12	0.62	0.13	0.83
13	0.57	0.06	0.87
14	0.57	0.04	0.82
15	0.57	0.04	0.77
16	0.58	0.13	0.69
17	0.60	0.16	0.55
18	0.62	0.35	0.38
19	0.62	0.44	0.28

续表

时　刻	负　荷	风　电	光　伏
20	0.65	0.54	0.28
21	0.66	0.65	0.00
22	0.54	0.75	0.00

由上表可以发现，每个时刻下系统运行所对应的最恶劣的场景均为负荷均取到不确定区间的上界，而风电、光伏出力均取不确定性区间的下界（即负荷最大，风电光伏出力最小）。这主要因为通过二阶锥变换后，本章规划模型中目标函数非线性项均转换为二阶锥的形式，根据二阶锥规划的原理，大自然决策的最优解必然位于边界上。

同时求解得到场景一第 1 年的最优需求侧响应控制策略，见表 5-7。

表 5-7　场景一第 1 年的最优需求侧响应控制策略

时　刻	需求侧响应电量（MVA）			
	节点 4	节点 8	节点 24	节点 32
1	0	0	0	0
2	8E-11	5.26E-11	4.72E-11	5.6E-11
3	0	0	0	0
4	1.89E-08	8.28E-09	5.9E-09	9.54E-09
5	8.93E-11	5.57E-11	4.85E-11	5.98E-11
6	0	0	0	0
7	0	0	0	0
8	6.4E-10	1.53E-09	3.61E-09	1.09E-09
9	3.11E-03	0.005693	0.024273	0.002173

续表

时　刻	需求侧响应电量（MVA）			
	节点 4	节点 8	节点 24	节点 32
10	0.010642	0.035474	0.09312	0.027936
11	0.014422	0.048074	0.126194	0.037858
12	0.014895	0.049649	0.130329	0.039099
13	0.013713	0.048712	0.129643	0.035784
14	0.013513	0.045712	0.119993	0.035998
15	0.013613	0.046155	0.121826	0.036485
16	0.01395	0.046499	0.122060	0.036618
17	0.014302	0.047574	0.125294	0.037858
18	0.014895	0.049649	0.130329	0.039099
19	0.015295	0.050649	0.132329	0.040099
20	0.015603	0.052011	0.13653	0.040959
21	0.01584	0.052799	0.138597	0.041579
22	0.013005	0.043349	0.113791	0.034137
23	0.01206	0.040199	0.105523	0.031657
24	0.01017	0.033899	0.088986	0.026696

表 5-8 为场景一第 2 年的最优需求侧响应策略。

表 5-8　场景一第 2 年的最优需求侧响应策略

时　刻	需求侧响应电量（MVA）			
	节点 4	节点 8	节点 24	节点 32
1	0	0	0	0
2	8.80E-11	5.79E-11	5.19E-11	6.16E-11
3	1.96E-12	8.77E-12	6.44E-12	1.00E-12

续表

时　　刻	需求侧响应电量（MVA）			
	节点 4	节点 8	节点 24	节点 32
4	2.08E-08	9.10E-09	6.49E-09	1.05E-08
5	9.82E-11	6.12E-11	5.34E-11	6.58E-11
6	0	0	0	0
7	0	0	0	0
8	7.04E-10	1.68E-09	3.97E-09	1.20E-09
9	3.42E-03	0.006262	0.0267	0.00239
10	0.011706	0.039022	0.102432	0.03073
11	0.015864	0.052881	0.138814	0.041644
12	0.016384	0.054614	0.143361	0.043008
13	0.015085	0.053583	0.142607	0.039362
14	0.014865	0.050283	0.131992	0.039598
15	0.014975	0.050771	0.134009	0.040133
16	0.015345	0.051149	0.134266	0.04028
17	0.015732	0.052331	0.137824	0.041644
18	0.016384	0.054614	0.143361	0.043008
19	0.016824	0.055714	0.145561	0.044108
20	0.017164	0.057213	0.150183	0.045055
21	0.017424	0.058079	0.152457	0.045737
22	0.014305	0.047684	0.125171	0.037551
23	0.013266	0.044219	0.116075	0.034823
24	0.011187	0.037289	0.097884	0.029365

场景一第 3 年的最优需求侧响应策略见表 5-9。

表 5-9　场景一第 3 年的最优需求侧响应策略

时　刻	需求侧响应电量（MVA）			
	节点 4	节点 8	节点 24	节点 32
1	0	0	0.015713	3.14E-04
2	9.68E-11	6.37E-11	5.71E-11	6.77E-11
3	2.16E-11	9.64E-11	7.09E-11	1.11E-11
4	2.29E-08	1.00E-08	7.14E-09	1.15E-08
5	1.08E-10	6.73E-11	5.87E-11	7.23E-11
6	8.03E-10	0	0	1.27E-09
7	0	0	0	0
8	7.75E-10	1.85E-09	4.37E-09	1.32E-09
9	3.77E-03	0.006889	0.02937	0.002629
10	0.012877	0.042924	0.112675	0.033803
11	0.017451	0.05817	0.152695	0.045809
12	0.018023	0.060075	0.157698	0.047309
13	0.016593	0.058941	0.156868	0.043298
14	0.016351	0.055311	0.145191	0.043557
15	0.016472	0.055848	0.14741	0.044147
16	0.016879	0.056264	0.147693	0.044308
17	0.017306	0.057565	0.151606	0.045808
18	0.018023	0.060075	0.157698	0.047309
19	0.018507	0.061285	0.160118	0.048519
20	0.01888	0.062934	0.165201	0.04956

续表

时刻	需求侧响应电量（MVA）			
	节点 4	节点 8	节点 24	节点 32
21	0.019166	0.063887	0.167702	0.050311
22	0.015736	0.052452	0.137688	0.041306
23	0.014592	0.048641	0.127683	0.038305
24	0.012305	0.041018	0.107673	0.032302

场景一第 4 年的最优需求侧响应策略见表 5-10。

表 5-10　场景一第 4 年的最优需求侧响应策略

时刻	需求侧响应电量（MVA）			
	节点 4	节点 8	节点 24	节点 32
1	5.77E-04	0	0.017284	3.46E-04
2	1.06E-10	7.00E-11	6.28E-11	7.45E-11
3	2.37E-08	1.06E-08	7.79E-09	1.22E-08
4	2.52E-08	1.10E-08	7.86E-09	1.27E-08
5	1.19E-10	7.41E-11	6.46E-11	7.96E-11
6	8.83E-10	0	4.90E-09	0
7	0	0	0	1.08E-08
8	8.52E-10	2.03E-09	4.80E-09	1.45E-09
9	4.14E-03	0.007577	0.032307	0.002892
10	0.014165	0.047216	0.123943	0.037183
11	0.019196	0.063986	0.167965	0.050389
12	0.019825	0.066083	0.173467	0.05204

续表

时　　刻	需求侧响应电量（MVA）			
	节点 4	节点 8	节点 24	节点 32
13	0.018253	0.064835	0.172555	0.047628
14	0.017986	0.060842	0.15971	0.047913
15	0.01812	0.061433	0.162151	0.048561
16	0.018567	0.06189	0.162462	0.048739
17	0.019036	0.063321	0.166767	0.050389
18	0.019825	0.066083	0.173467	0.05204
19	0.020357	0.067414	0.176129	0.053371
20	0.020768	0.069227	0.181721	0.054516
21	0.021083	0.070275	0.184473	0.055342
22	0.017309	0.057698	0.151456	0.045437
23	0.016052	0.053505	0.140451	0.042135
24	0.013536	0.04512	0.11844	0.035532

场景一第 5 年的最优需求侧响应策略见表 5-11。

表 5-11　场景一第 5 年的最优需求侧响应策略

时　　刻	需求侧响应电量（MVA）			
	节点 4	节点 8	节点 24	节点 32
1	0	0	0.019012	3.80E-04
2	1.17E-10	7.71E-11	6.91E-11	8.20E-11
3	2.61E-08	1.17E-08	8.57E-09	1.34E-08
4	2.77E-08	1.21E-08	8.64E-09	1.40E-08

续表

时　刻	需求侧响应电量（MVA）			
	节点 4	节点 8	节点 24	节点 32
5	1.31E-10	8.15E-11	7.10E-11	8.75E-11
6	9.71E-10	0	0	0
7	0	0	8.38E-09	0
8	9.38E-10	2.24E-09	5.28E-09	1.60E-09
9	4.56E-03	0.008335	0.035538	0.003181
10	0.015581	0.051938	0.136337	0.040901
11	0.021116	0.070385	0.184761	0.055428
12	0.021807	0.072691	0.190814	0.057244
13	0.020078	0.071319	0.18981	0.052391
14	0.019785	0.066926	0.175681	0.052704
15	0.019931	0.067576	0.178366	0.053417
16	0.020424	0.068079	0.178708	0.053612
17	0.02094	0.069653	0.183443	0.055428
18	0.021807	0.072691	0.190814	0.057244
19	0.022393	0.074155	0.193742	0.058708
20	0.022845	0.07615	0.199893	0.059968
21	0.023191	0.077303	0.20292	0.060876
22	0.01904	0.063467	0.166602	0.049981
23	0.017657	0.058856	0.154496	0.046349
24	0.01489	0.049632	0.130284	0.039085

由上面的几个表可以发现，在本章算例中，系统在时刻 1、3、6、

7 需求侧响应电量为 0，在时刻 2、4、5、8、9 需求侧响应电量很小，而在时刻 10～24 则出现明显的负荷削减。这是因为时刻 1、3、6、7 风电、光伏出力完全可以满足系统负荷需求，并且产生了弃电，因此，不需要进行负荷削减。而时刻 2、4、5、8、9 系统的风电、光伏出力能满足系统大部分负荷需求，但小部分负荷仍需向上级电网购买，可以进行需求侧响应调节的电量很小，因此负荷削减量几乎可以忽略不计。而时刻 10～24 系统的负荷大大地超出分布式电源出力，可以进行需求侧响应调节的负荷空间较大，在进行需求侧响应调节时，产生明显的负荷削减。

同时也可从上表发现：时刻 12、13、14、15 进行需求侧响应调节的大致策略相似，时刻 11 和时刻 17、时刻 18 也较为相似。这是因为调节策略相似的时刻之间负荷变化很小，同时风电出力下降（上升）刚好由光伏出力的上升（下降）所抵消，分布式电源出力总量变化也较小，因此导致不同时刻下的需求侧响应策略相似。

2）场景二仿真结果及分析

为更好地分析相关性对本章算例仿真规划结果的影响，首先采用场景一下的最优规划方案在场景二中模拟运行，得到 5 年规划周期内系统的运行成本见表 5-12。

表 5-12　场景一下的最优规划方案在场景二中 5 年规划周期内系统运行成本

	年　份	第 1 年	第 2 年	第 3 年	第 4 年	第 5 年
运行成本	主网购电成本（年值）	356.37	392.331	432.015	475.600	523.769
	弃电成本（年值）	8.426	7.103	5.966	5.013	4.343
	网损成本（年值）	15.440	16.984	18.682	20.551	22.606
	切负荷成本（年值）	24.574	27.032	29.735	32.708	35.979
各年份运行成本/万元（年值）		407.810	404.810	45.291	489.820	538.802
各年份运行成本/万元（现值）		398.389	398.389	408.524	412.272	416.054
总运行成本/万元（现值）		2055.11				

由表 5-12 可知，与场景一下最优规划方案的运行成本相比，在场景二中，相同的投资条件下，其各年主网购电成本、网损成本与切负荷成本均变化很小，而弃电成本则得到明显的提升，总成本也得到了显著的提升。因此，可以得出场景二中所描述不确定性边界较场景一中更为恶劣。

场景二下最优规划方案见表 5-13。

表 5-13　场景二下最优规划方案

最优规划方案	风电机组［安装节点/数量/容量（MW）］	4/6/0.6、30/7/0.7
	光伏机组［安装节点/数量/容量（MW）］	13/8/0.8、32/12/1.2
	线路（接入节点/负荷节点）	21/34、7/35、14/36、28/37

场景二下最优规划方案的各项成本见表 5-14。

表 5-14　场景二下最优规划方案的各项成本

投资成本/万元	DG 投资费用	3900				
	线路扩建费用	800				
运行成本/万元（年值）	年份	第 1 年	第 2 年	第 3 年	第 4 年	第 5 年
	主网购电成本	328.778	362.150	398.903	439.267	483.428
	弃电成本	1.577	1.241	0.827	0.436	0.246
	网损成本	12.339	13.573	14.930	16.423	18.066
	需求侧响应成本	20.457	22.502	24.753	27.228	29.951
总运行成本/万元（年值）		363.151	399.466	439.413	483.354	531.690
总运行成本/万元（现值）		398.389	366.483	369.845	373.238	376.662
总运行成本/万元（现值）		1884.617				
总成本/万元（现值）		6584.617				

由表 5-14 可知，通过场景一下的仿真结果对比发现，本章算例中不考虑相关性比考虑相关性下的规划方案投资总成本更大，投资规划建设更为保守。其主要原因是：针对风电、光伏及负荷进行相关性处理之前，其所描述的不确定场景较处理后更为恶劣，因此场景二中面对着较场景一更为恶劣的大自然不确定性影响，人工决策必须通过加大投资建设（减少风电装机容量加大光伏装机容量）来应对系统可能出现的更为不利的场景。与场景一相比，场景二中运行成本减少，其各项子成本也均产生了一定的削减。其主要原因是系统弃电成本的产生主要由于夜晚较多风电出力和较少的负荷需求，而随着场景二中风电装机容量的减小，其弃电成本当然也随之减小，而又因为光伏机组装机容量的增量较风电机组减小得更多，白天光伏机组的出力满足了更多的系统负荷需求，因此其主网购电成本、网损成本及需求侧响应成本均产生了削减。

3）场景三仿真结果及分析

场景三下最优规划方案见表 5-15。

表 5-15　场景三下最优规划方案

最优规划方案	风电机组（安装节点/数量/容量（MW））	7/4/0.6、30/6/0.7
	光伏机组（安装节点/数量/容量（MW））	13/10/0.8、32/12/1.2
	线路（接入节点/负荷节点）	20/34、9/35、16/36、26/37

场景三下最优规划方案的各项成本见表 5-16。

由表 5-16 可以发现，与场景一相比，场景三下的规划结果无论是在投资成本还是运行成本方面均增长较为明显。产生这种现象的主要原因是传统鲁棒优化模型均要求所有变量必须在不确定性获知以后做出决策，允许大自然（不确定性决策变量）先行决策，人工系统观测到大自然策略后采用相应的措施抑制其对系统产生的不利影响，人工决策方面处理的过于笼统，导致其规划结果较为保守。

表 5-16 场景三下最优规划方案的各项成本

投资成本/万元	DG 投资费用	3860				
	线路扩建费用	840				
运行成本/万元（年值）	年份	第 1 年	第 2 年	第 3 年	第 4 年	第 5 年
	主网购电成本	377.456	418.250	460.526	506.961	558.267
	弃电成本	4.175	1.544	1.247	0.989	0.479
	网损成本	18.447	20.292	22.321	24.553	27.008
	需求侧响应成本	21.347	23.482	25.830	28.413	31.254
总运行成本/万元（年值）		421.425	463.567	509.924	560.916	617.008
总运行成本/万元（现值）		398.389	425.291	429.193	433.130	437.104
总运行成本/万元（现值）		2123.106				
总成本/万元（现值）		6823.106				

综上，本章所提出的考虑相关性的二阶段鲁棒规划模型一方面考虑到随机变量的相关性对规划结果的影响，同时进一步精细化人工决策，将其分两个阶段来化解大自然的不确定性所带来的危害，相比于不考虑相关性影响的模型和传统的鲁棒规划模型，其规划经济性更好。

第6章　面向受端区域智能电网的主动规划方法

随着电力负荷的日益增大，仅以增加发电侧容量满足需求侧电力不足的方式遭遇到瓶颈，用电高峰期与低谷期的差值逐步增大，负荷高峰期遭遇功率缺额的现象日益严重，调峰难度逐渐增加。需求响应作为激励用户主动参与系统调峰、改善负荷曲线的有效激励措施在全世界范围内颇有成效。电力系统自身要求供需双方实时平衡，而仅靠供应侧的调节能力已经难以解决可再生能源的波动性问题。需求侧响应能够根据电源的发电情况来改变需求侧用电负荷，使得电力供需关系达到平衡，这就使得政府和电网企业需要重新考虑电力需求侧的地位和作用。因此，本章提出了一种面向受端区域智能电网的主动规划方法。电力用户通过政府或电力企业来实施需求响应项目，主动参与到电网运行中，从而促进电力资源的优化配置，进一步提高系统的供电可靠性和电力市场的运作效率。

本章所提方法考虑的投资主体有分布式电源（Distributed Generation, DG）投资运营商、配电网投资运营商和参与需求侧响应（Demand Side Response, DSR）的电力用户。不同于传统电力用户以固定负荷来参与配电网规划，对电力用户而言，通过实施可转移负荷的方式，将用电高峰期的部分负荷转移到用电低谷期来使用，从而减少自身的电费支出，实现负荷的削峰填谷；对 DG 投资运营商和配电网投资运营商而言，则希望在用户实施需求响应的过程中规划选址定容和新建线路，从而降低成本，增加自身收益。

6.1 规划模型

6.1.1 DG 投资运营商的规划模型

DG 投资运营商在电网规划中主要负责对分布式电源进行规划，目标为自身收益最大化，决策变量为分布式电源的位置和容量，在本方法中假设分布式电源为光伏发电。

1. 目标函数

DG 投资运营商规划模型的目标函数主要包括 DG 售电收益 $C_{\mathrm{S}}^{\mathrm{DG}}$、DG 投资成本 $C_{\mathrm{I}}^{\mathrm{DG}}$ 及 DG 运维成本 $C_{\mathrm{OM}}^{\mathrm{DG}}$。除此之外，由于实施细则鼓励分布式电源的接入，因此还考虑到政府对于可再生能源的发电补贴 $C_{\mathrm{C}}^{\mathrm{DG}}$。具体如下：

$$C^{\mathrm{DG}}(x_i,N_i)=C_{\mathrm{S}}^{\mathrm{DG}}+C_{\mathrm{C}}^{\mathrm{DG}}-(C_{\mathrm{I}}^{\mathrm{DG}}+C_{\mathrm{OM}}^{\mathrm{DG}}) \tag{6-1}$$

$$C_{\mathrm{S}}^{\mathrm{DG}}=\sum_{t=1}^{\Omega_t}\theta_{\mathrm{es}}\cdot P_t^{\mathrm{DG}}\cdot T_t \tag{6-2}$$

$$C_{\mathrm{C}}^{\mathrm{DG}}=\sum_{t=1}^{\Omega_t}\theta_{\mathrm{gc}}\cdot P_t^{\mathrm{DG}}\cdot T_t \tag{6-3}$$

$$C_{\mathrm{I}}^{\mathrm{DG}}=\left(\theta_{\mathrm{sg}}\cdot\sum_{i=1}^{\Omega_i}x_i\cdot P_{\mathrm{sg}}^{\mathrm{DG}}\cdot N_i\right)\cdot\frac{r(1+r)^{\mathrm{LT}}}{(1+r)^{\mathrm{LT}}-1} \tag{6-4}$$

$$C_{\mathrm{OM}}^{\mathrm{DG}}=\sum_{t=1}^{\Omega_t}\theta_{\mathrm{om}}\cdot P_t^{\mathrm{DG}}\cdot T_t \tag{6-5}$$

式中，θ_{es} 为 DG 投资运营商单位售电电价；P_t^{DG} 为 DG 在 t 时刻的总有功出力；θ_{gc} 为可再生能源单位发电补贴费用；θ_{sg} 为单位容量 DG 投资成本；x_i 为 0-1 变量，$x_i=0$ 表示第 i 个待选节点不接入 DG，$x_i=1$ 表示

第 i 个待选节点接入 DG；P_{sg}^{DG} 为单台 DG 的额定功率；N_i 为待选节点 i 接入 DG 的台数；r 为贴现率；LT 为设备的寿命周期；θ_{om} 为 DG 单位发电运维费用。

2．约束条件

DG 投资运营商规划模型的约束条件主要包括 DG 待选节点接入数目限制、DG 渗透率约束及 DG 出力约束。

DG 待选节点接入数目限制：

$$N_{i.\min} \leqslant N_i \leqslant N_{i.\max} \tag{6-6}$$

式中，$N_{i.\min}$ 和 $N_{i.\max}$ 分别为在待选节点 i 接入 DG 数目的下限和上限值。

DG 渗透率约束：

$$\sum_{i=1}^{\Omega_i} x_i \cdot P_{sg}^{DG} \cdot N_i \leqslant \delta \cdot P_{load} \tag{6-7}$$

式中，δ 为 DG 并网后的渗透率；P_{load} 为节点总负荷。

DG 出力约束：

$$P_{\min}^{DG} \leqslant P_t^{DG} \leqslant P_{\max}^{DG} \tag{6-8}$$

式中，$P_{\min}^{DG}$ 和 $P_{\max}^{DG}$ 分别为 DG 出力的下限和上限值。

6.1.2　配电网投资运营商的规划模型

配电网投资运营商在区域智能电网规划中主要对电网网架进行规划，目标为自身收益最大化，决策变量为线路新建方案。

1．目标函数

配电网投资运营商规划模型的目标函数主要包括配电网投资运营

商售电收益 $C_{\mathrm{S}}^{\mathrm{DN}}$、新建线路投资成本 $C_{\mathrm{I}}^{\mathrm{DN}}$、网损成本 $C_{\mathrm{L}}^{\mathrm{DN}}$、故障成本 $C_{\mathrm{E}}^{\mathrm{DN}}$、主网购电成本 $C_{\mathrm{B1}}^{\mathrm{DN}}$ 及向 DG 投资运营商购电成本 $C_{\mathrm{B2}}^{\mathrm{DN}}$。具体如下：

$$C^{\mathrm{DN}}(y_i)=C_{\mathrm{S}}^{\mathrm{DN}}-(C_{\mathrm{I}}^{\mathrm{DN}}+C_{\mathrm{L}}^{\mathrm{DN}}+C_{\mathrm{E}}^{\mathrm{DN}}+C_{\mathrm{B1}}^{\mathrm{DN}}+C_{\mathrm{B2}}^{\mathrm{DN}}) \tag{6-9}$$

$$C_{\mathrm{S}}^{\mathrm{DN}}=\sum_{t=1}^{\Omega_t}\psi_{\mathrm{es}}\cdot(P_t^{\mathrm{load}}-(P_t^{\mathrm{it}}+P_t^{\mathrm{out}}-P_t^{\mathrm{in}}))\cdot T_t \tag{6-10}$$

$$C_{\mathrm{I}}^{\mathrm{DN}}=\left(\psi_{\mathrm{sg}}\cdot\sum_{j=1}^{\Omega_j}y_j\cdot l_j\right)\cdot\frac{r(1+r)^{\mathrm{T}}}{(1+r)^{\mathrm{T}}-1} \tag{6-11}$$

$$C_{\mathrm{L}}^{\mathrm{DN}}=\sum_{t=1}^{\Omega_t}\psi_{\mathrm{es}}\cdot P_t^{\mathrm{loss}}\cdot T_t \tag{6-12}$$

$$\begin{cases}C_{\mathrm{E}}^{\mathrm{DN}}=\sum\limits_{t=1}^{\Omega_t}\psi_{\mathrm{es}}\cdot \mathrm{EENS}_t\\ \mathrm{EENS}_t=\sum\limits_{b=1}^{\Omega_b}\lambda_b\cdot\sum\limits_{n=1}^{\Omega_n}P_{n.t}^{\mathrm{load}}\cdot T_t\end{cases} \tag{6-13}$$

$$C_{\mathrm{B1}}^{\mathrm{DN}}=\sum_{t=1}^{\Omega_t}\psi_{\mathrm{eb1}}\cdot(P_t^{\mathrm{load}}-P_t^{\mathrm{DG}}-(P_t^{\mathrm{it}}+P_t^{\mathrm{out}}-P_t^{\mathrm{in}}))\cdot T_t \tag{6-14}$$

$$C_{\mathrm{B2}}^{\mathrm{DN}}=\sum_{t=1}^{\Omega_t}\psi_{\mathrm{eb2}}\cdot P_t^{\mathrm{DG}}\cdot T_t \tag{6-15}$$

式中，ψ_{es} 为配电网投资运营商的售电电价；P_t^{load} 为 t 时刻的原始负荷；P_t^{it} 为 t 时刻可中断负荷的中断功率；P_t^{out} 为 t 时刻负荷转移出的功率；P_t^{in} 为 t 时刻负荷转移进的功率；ψ_{sg} 表示新建线路单位长度费用；y_j 为 0-1 变量，y_j=0 表示第 j 条待新建线路未被选中，y_j=1 表示第 j 条待新建线路被选中；l_j 为新建线路的长度；P_t^{loss} 为 t 时刻的有功功率损耗；EENS_t 为 t 时刻的电量不足期望值；λ_b 为第 b 条线路的故障率；ψ_{eb1} 为向上级电网购电电价；ψ_{eb2} 为向 DG 投资运营商购电电价。

2. 约束条件

配电网投资运营商规划模型的约束条件主要包括新建线路投资约

束、支路潮流约束及安全约束。

新建线路投资约束：

$$\sum_{k=1}^{\Omega_k} y_{j,k} = 1 \tag{6-16}$$

支路潮流约束：

$$\begin{cases} P_{i.t} = U_{i.t} \cdot \sum_{j\in i} U_{j.t} \cdot (G_{ij} \cdot \cos\theta_{ij} + B_{ij} \cdot \sin\theta_{ij}) \\ Q_{i.t} = U_{i.t} \cdot \sum_{j\in i} U_{j.t} \cdot (G_{ij} \cdot \sin\theta_{ij} - B_{ij} \cdot \cos\theta_{ij}) \end{cases} \tag{6-17}$$

式中，$P_{i.t}$ 和 $Q_{i.t}$ 分别为 t 时刻节点 i 的有功功率和无功功率；$U_{i.t}$ 和 $U_{j.t}$ 分别为 t 时刻节点 i 和节点 j 的电压幅值；G_{ij} 和 B_{ij} 分别为支路 ij 的电导和电纳；θ_{ij} 为节点 i 与节点 j 电压间的相角差。

安全约束：

$$\begin{cases} U_{i.\min} \leqslant U_{i.t} \leqslant U_{i.\max} \\ P_{ij.t} \leqslant P_{ij.\max} \end{cases} \tag{6-18}$$

式中，$U_{i.\min}$ 和 $U_{i.\max}$ 分别为节点 i 电压幅值的下限和上限值；$P_{ij.t}$ 和 $P_{ij.\max}$ 分别为支路 ij 的传输功率及其上限值。

6.1.3　电力用户的规划模型

电力用户规划过程中通过参与需求侧响应调整用电行为以降低电费支出。在此考虑两种需求侧响应方式：基于分时电价的价格型 DSR 和可中断负荷的激励型 DSR。参与基于分时电价的价格型 DSR 的用户在电价高峰期时转移出负荷，在电价低谷时期转移进负荷；参与可中断负荷的激励型 DSR 的用户则通过与电网公司签订合同，在某些时段中断和削减负荷同时获得相应的补偿。

1. 目标函数

电力用户规划模型的目标函数主要包括参与需求侧响应后减少的电费支出 $C_{\mathrm{B}}^{\mathrm{US}}$ 以及可中断负荷补偿费用 $C_{\mathrm{C}}^{\mathrm{US}}$。具体如下：

$$C^{\mathrm{US}}(P^{\mathrm{it}},P^{\mathrm{out}},P^{\mathrm{in}})=C_{\mathrm{B}}^{\mathrm{US}}+C_{\mathrm{C}}^{\mathrm{US}} \tag{6-19}$$

$$C_{\mathrm{B}}^{\mathrm{US}}=\sum_{t=1}^{\Omega_t}\omega_{\mathrm{eb}}\cdot(P_t^{\mathrm{it}}+P_t^{\mathrm{out}}-P_t^{\mathrm{in}})\cdot T_t \tag{6-20}$$

$$C_{\mathrm{C}}^{\mathrm{US}}=\sum_{t=1}^{\Omega_t}\omega_{\mathrm{gc}}\cdot P_t^{\mathrm{it}}\cdot T_t \tag{6-21}$$

式中，ω_{eb} 为用户的购电电价；ω_{gc} 为可中断负荷补偿费用。

2. 约束条件

电力用户规划模型的约束条件根据需求侧响应方式主要包括转移负荷功率约束及可中断负荷功率约束。

转移负荷功率约束：

$$\begin{cases}\lambda_{\min}P_t^{\mathrm{load}}\leqslant P_t^{\mathrm{out}}\leqslant\lambda_{\max}P_t^{\mathrm{load}}\\ \mu_{\min}P_t^{\mathrm{load}}\leqslant P_t^{\mathrm{in}}\leqslant\mu_{\max}P_t^{\mathrm{load}}\end{cases} \tag{6-22}$$

$$\sum_{t=1}^{\Omega_t}P_t^{\mathrm{out}}=\sum_{t=1}^{\Omega_t}P_t^{\mathrm{in}} \tag{6-23}$$

式中，$\lambda_{\min}$ 和 $\lambda_{\max}$ 分别为 t 时刻负荷转移出功率系数的下限和上限值；$\mu_{\min}$ 和 $\mu_{\max}$ 分别为 t 时刻负荷转移进功率系数的下限和上限值。

可中断负荷功率约束：

$$P_{\min}^{\mathrm{it}}\leqslant P_t^{\mathrm{it}}\leqslant P_{\max}^{\mathrm{it}} \tag{6-24}$$

式中，$P_{\min}^{\mathrm{it}}$ 和 $P_{\max}^{\mathrm{it}}$ 分别为负荷可中断功率的下限和上限值。

6.2　模型求解

6.2.1　最优规划策略

电力用户根据价格信号调整自身负荷需求，将调整后的负荷以等效负荷的信息传递给DG投资运营商和配电网公司；DG投资运营商和配电网投资运营商根据等效负荷以及各自的利益偏好来确定自身的选址定容和新建线路方案，实现整体利益的最大化，具体描述如下：

$$\begin{aligned}&(f^*, y^*)=\arg\max(C^{\mathrm{DG}}(f)+C^{\mathrm{DN}}(y))\\&(P^{\mathrm{it}*}, P^{\mathrm{out}*}, P^{\mathrm{in}*})=\arg\max C^{\mathrm{US}}(P^{\mathrm{it}}, P^{\mathrm{out}}, P^{\mathrm{in}})\end{aligned} \tag{6-25}$$

式中，f^*和y^*分别为DG投资运营商和配电网投资运营商的最优规划策略；$(P^{\mathrm{it}*}, P^{\mathrm{out}*}, P^{\mathrm{in}*})$为电力用户的最优规划策略；$\arg\max(\cdot)$为目标函数取最大值时的变量集合。

6.2.2　求解步骤

结合区域智能电网规划问题，具体求解方法如下。

步骤1：输入原始数据和参数。初始化建立模型所需的数据及计算参与者收益需要的参数。

步骤2：生成参与者策略空间。DG投资运营商的策略空间为DG待接节点状态的集合$f(x,N)=\{f_1, f_2, \cdots, f_n\}$，其中每个元素为节点可接入的DG容量；配电网投资运营商的策略空间为待建线路的集合$\boldsymbol{y}=\{y_1, y_2, \cdots, y_n\}$，其中每个元素为线路可选择的路径。

步骤3：设定初值。在DG投资运营商和配电网投资运营商的策略空间里分别随机选取一组值f_0和y_0。

步骤 4：参与者进行整体优化。DG 投资运营商和配电网投资运营商分别在各自的策略空间中寻找使得整体利益最大的规划策略。

步骤 5：输出最优规划策略。此方法下寻找出的策略 f^*、y^* 即分别为 DG 投资运营商和配电网投资运营商的最终规划方案。

6.3 结果分析

6.3.1 参数设置

以 IEEE33 节点配网系统作为仿真分析的算例，其结构如图 6-1 所示。该系统包括 37 条支路，总负荷为 3715kW+2700kvar，基准电压为 12.66kV。

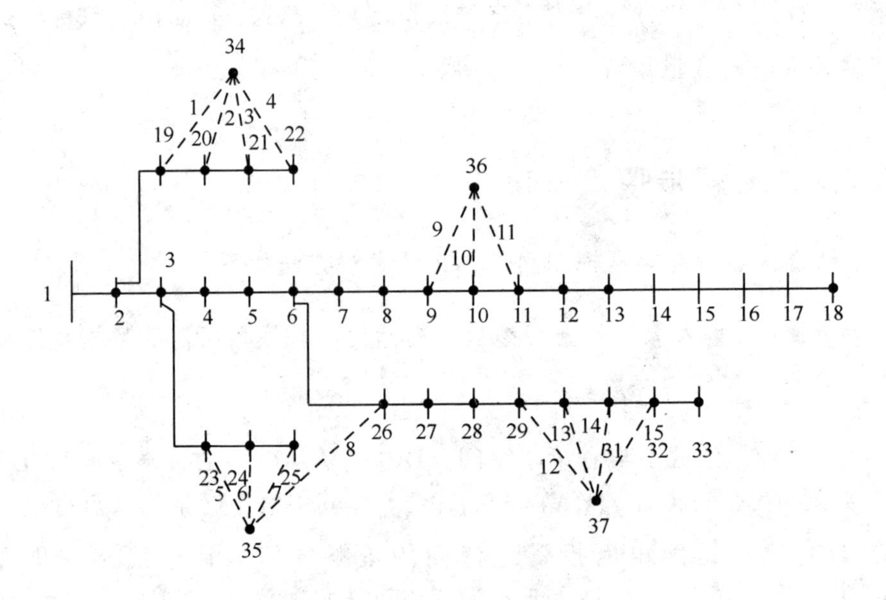

图 6-1 IEEE33 节点配网系统

DG 考虑为光伏发电，光伏发电待选接入位置为{7,20,24,32}，其他相关参数见表 6-1。

表 6-1　DG 相关参数

DG 单位容量投资费用（万元/kW）	1
DG 单台额定容量/kW	50
DG 单位售电电价（元/ kW·h）	0.4
DG 单位发电运维费用（元/ kW·h）	0.2
DG 发电政府补贴（元/kW·h）	0.2

节点 34～37 为新增负荷节点，总容量为 460kW，具体负荷大小见表 6-2。实线表示已有线路，虚线为新增负荷接入的待选线路。其他相关参数见表 6-3。

表 6-2　新增负荷点和可能接入位置

负荷节点编号	负荷大小（kW/kvar）	可能接入位置
34	100/60	19,20,21,22
35	180/100	23,24,25,26
36	80/40	9,10,11
37	100/60	29,30,31,32

表 6-3　配网相关参数

新建线路单位长度费用（万元/km）	20		
配电网投资运营商售电电价（元/kW·h）	峰：0.9	平：0.6	谷：0.3
向主网购电电价（元/kW·h）	峰：0.6	平：0.4	谷：0.3

基于分时电价的价格型 DSR 将峰平谷时段划分为：峰时段（10:00—12:00，20:00—22:00）；平时段（08:00—09:00，13:00—19:00，23:00—01:00）；谷时段（02:00—07:00），并假设全网用户均参与需求侧响应。基于可中

断负荷的激励型 DSR 将系统中负荷量最大的 25 节点作为可中断负荷，中断时间为每年夏季（6、7、8 月），每月中断 7 天，每天可中断时间为 10:00—22:00，用户获得的可中断负荷补贴为 0.4 元/（kW·h）。

6.3.2 规划结果及分析

1. 规划结果

1）DG 投资运营商和配电网投资运营商

这里设置了考虑需求侧响应的主动规划场景。对比在此场景下 DG 投资运营商和配电网投资运营商规划结果的差异，其规划结果见表 6-4。

表 6-4 规划结果

运营商	DG 投资运营商	配电网投资运营商
主动规划场景	7(2),20(1),24(2),32(2)	34-20,35-24,36-10,37-30

由表 6-4 可知，DG 投资运营商在主动规划场景中的规划结果为在节点 7、24 和 32 分别接入 2 台光伏机组，在节点 20 接入 1 台光伏机组。配电网投资运营商在此场景中的规划结果为在节点 34 和节点 20 之间、节点 35 和节点 24 之间、节点 36 和节点 10 之间、节点 37 和节点 30 之间新建线路。

2）电力用户

电力用户通过转移负荷和可中断负荷两种需求侧响应手段调整负荷需求，并将等效负荷反馈到配电网投资运营商。实施需求侧响应前后的日平均负荷曲线如图 6-2 所示。

由图 6-2 可知，在 1 点、8—9 点及 23—24 点处于电价平时段且不处于可中断负荷时段，电力用户没有参与需求侧响应，因此实施需求侧响应前后负荷曲线完全一致；在 13—19 点虽然处于电价平时段但同时处于可中断负荷时段，可中断负荷节点通过中断一部分负荷使得负荷曲线向下偏移；在 10—12 点及 20—22 点处于电价峰时段且处于可中断负荷时段，电力用户通过转移出负荷和中断负荷使得负荷曲线向下偏移；在 2—7 点处于电价谷时段但不处于可中断负荷时段，电力用户通过转移进负荷使得负荷曲线向上偏移。

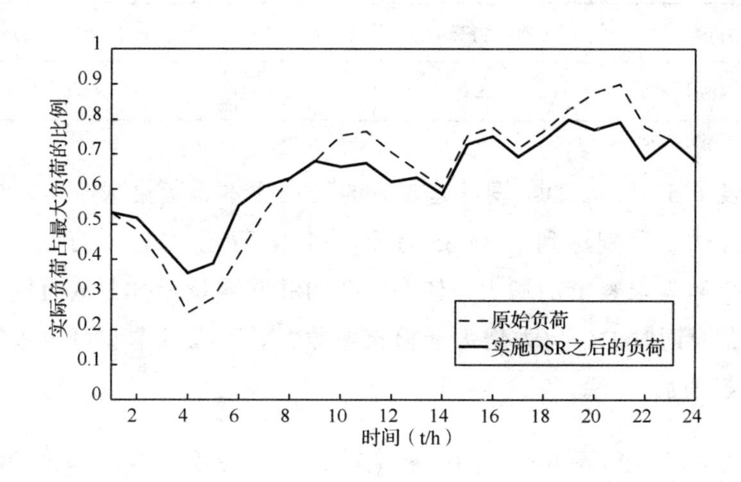

图 6-2　日平均负荷曲线

由上述分析可知，电力用户可以通过两种需求侧响应方式对负荷进行调整，从而实现“削峰填谷”，并进而影响规划决策。

2．成本及收益分析

这里通过主动规划场景下 DG 投资运营商和配网公司各项成本及收益的对比来说明本书方法考虑需求侧响应的必要性。上述两者的各项成本及收益的具体数值见表 6-5、表 6-6 和表 6-7。

表 6-5　DG 投资运营商各项成本及收益

费用	C_{S}^{DG}（万元）	C_{I}^{DG}（万元）	C_{C}^{DG}（万元）	C_{OM}^{DG}（万元）
主动规划场景	74.51	35.65	37.26	37.26

表 6-6　配网公司各项成本及收益

费用	C_{S}^{DN}（万元）	C_{I}^{DN}（万元）	C_{L}^{DN}（万元）	C_{E}^{DN}（万元）	C_{B1}^{DN}（万元）	C_{B2}^{DN}（万元）
主动规划场景	1492.32	59.28	79.43	2.74	990.36	65.2

表 6-7　DG 投资运营商和配网公司的净收益

费用	C^{DG}（万元）	C^{DN}（万元）	C^{SUM}（万元）
主动规划场景	38.86	295.31	334.17

由表 6-5 可知，DG 投资运营商的投资成本、运维成本、发电补贴的数值较大，分别达到了 35.65 万元、37.26 万元、37.26 万元。其原因是，负荷侧需求容量的增大，使得 DG 的并网容量增加，从而使得投资成本增加，同时 DG 出力增大使得售电收益、运维成本和可再生能源发电补贴都增加。

对比表 6-5 和表 6-6 可知，配电网公司的各项成本之和比 DG 投资运营商的各项成本之和高出 133.74 万元，其原因是，一方面配电网公司新建线路更长，使得投资费用和网络损耗增加；另一方面 DG 的并网容量增加，基于优先消纳 DG 的原则，配网公司向 DG 投资运营商购电增多。

在本章所提方法中，规划的优化目标是使 DG 投资运营商和配网公司的整体利益最大化，DG 投资运营商和配网公司的利益之和最大。在用户侧，通过实施不同的需求响应方式来调整自身的用电行为，不仅能够起到削峰填谷的作用，同时能够使得电力用户最大化自身利益，减少用电费用支出。

第 7 章　面向智慧城市的区域智能电网多主体博弈拓展规划方法

随着区域智能电网配电业务改革试点工作的稳步推进，配电业务开始对社会资本开放。一方面，分布式电源投资商、参与需求侧响应的电力用户开始作为独立主体参与配电网的投资与运营，使得投资主体多元化成为智慧城市中智能电网最显著的特征之一；另一方面，分布式电源大规模接入给智慧城市的电网注入了更多不确定性因素。在此背景下，研究考虑多主体利益和不确定性的区域智能电网规划方法研究具有重要的理论和现实意义。

本章提出了一种面向智慧城市考虑不确定性和多主体博弈的区域智能电网源网荷协同规划方法，通过引入虚拟博弈者“大自然”来表征分布式电源出力的不确定性，实现博弈理论和鲁棒优化的深度融合。在第 6 章建立的三种规划决策模型的基础上，根据三者的传递关系分析了 DG 投资运营商和配电网投资运营商之间的静态博弈行为；同时采用鲁棒优化处理 DG 出力的不确定性，并引入虚拟博弈者“大自然”，研究其与配电网投资运营商之间的动态博弈行为；在上述基础上提出动-静态联合博弈规划模型，最后通过迭代搜索算法对上述模型进行求解计算。

7.1　各主体传递关系

分布式电源接入后，其出力的不确定性将会影响到配电网的运行安全，并会使相关成本升高从而降低规划方案的经济性。因此考虑将分布式电源的出力视为特殊的决策变量用于表征其不确定性，并引入“大自然”作为对应的虚拟主体。各主体在规划决策时的传递关系如图7-1所示。DG投资运营商在当前网架结构下进行DG的选址定容，并将DG的位置和容量传递给配电网投资运营商和“大自然”；电力用户则接受分时电价信息和可中断负荷激励信息后制定主动响应措施，即确定转移负荷和可中断负荷的功率，并以等效负荷的形式反馈给配电网投资运营商；“大自然”在获知DG分布点并结合当前网架结构的情况下对配电网投资运营商的规划做出干扰，“决策”出DG出力并将其传递给配电网投资运营商；配电网投资运营商接受来自其他主体的传递信息，决策出新建线路，形成新的网架结构。由各主体之间的传递关系可知，电力用户仅从配电网投资运营商获得分时电价和可中断激励信息，并没有受到其决策的直接影响，因此在分析各主体的博弈行为时，不将电力用户视为博弈的参与者。

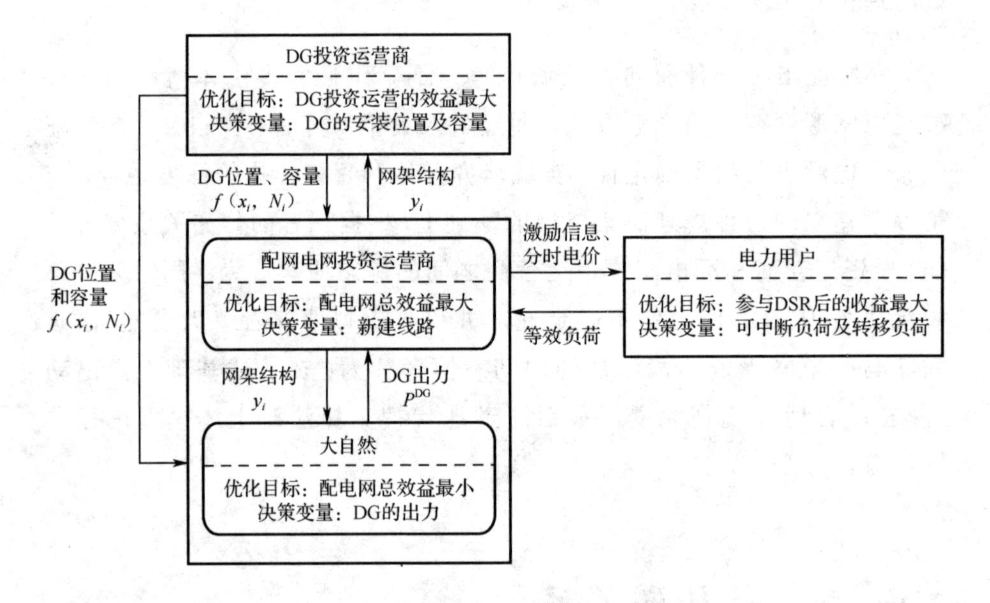

图7-1　各主体在规划决策时的传递关系图

7.2　多主体博弈行为分析

7.2.1　静态博弈分析

由于需要在独立决策的前提下共同完成区域智能电网的规划与建设，DG 投资运营商和配电网投资运营商在规划过程中需要掌握对方的全部策略信息，并且两者同时做出决策，不存在行动上的先后顺序，因此 DG 投资运营商和配电网投资运营商之间形成完全信息静态博弈格局，静态博弈流程如图 7-2 所示。

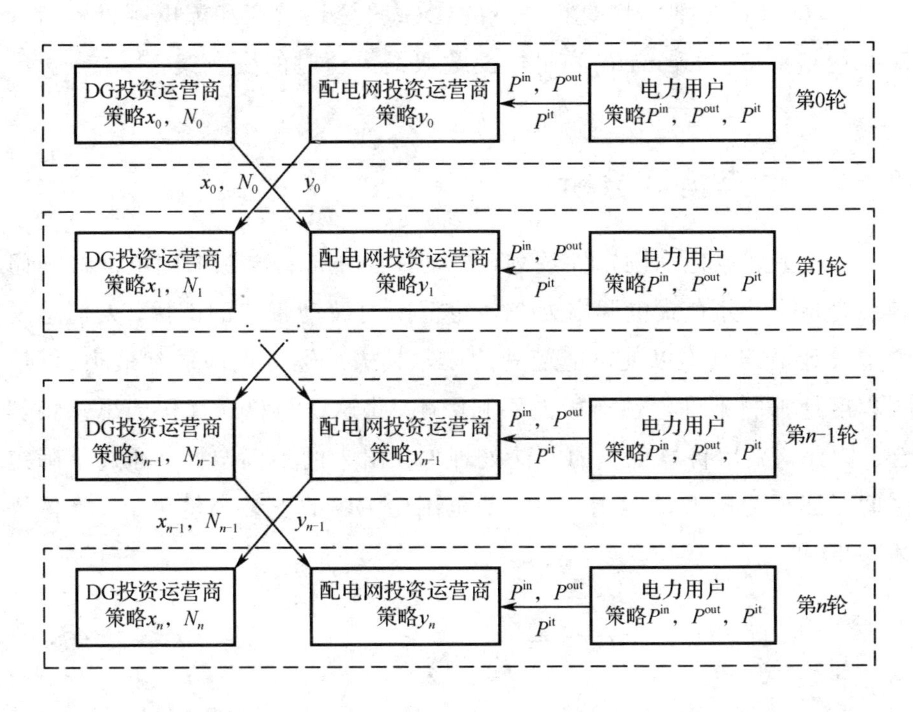

图 7-2　静态博弈流程图

在一个博弈回合中，电力用户在接受分时电价信息和可中断负荷激励信息后确定转移负荷和可中断负荷的功率，并以等效负荷的形式反馈给配电网投资运营商。配电网投资运营商根据上一轮 DG 投资运营商对

DG 选址定容的决策及电力用户反馈的负荷信息，通过调整线路的新建方案使得配网总效益最大，同时 DG 投资运营商根据上一轮配电网投资运营商对新建线路的决策，通过调整 DG 的选址和定容方案使得 DG 的投资运营效益最大。在更新网络拓扑和 DG 的选址定容后，进入下一个博弈回合。

在博弈过程中，当 DG 投资运营商和配电网投资运营商任意一方改变策略都无法获得更多的收益时，博弈达到均衡状态，具体描述如下：

$$\begin{cases} f^* = \arg\max C^{\mathrm{DG}}(f, y^*) \\ y^* = \arg\max C^{\mathrm{DN}}(y, f^*) \end{cases} \tag{7-1}$$

式中，f^* 和 y^* 分别为均衡状态下的 DG 投资运营商和配电网投资运营商的规划策略；$\arg\max(\cdot)$ 为目标函数取最大值时的变量集合。

7.2.2 动态博弈分析

上述规划流程为确定性规划，然而对含分布式电源的配电网规划问题而言，针对分布式电源出力在一定范围内波动带来的干扰，人们总是希望设计最佳策略以使可能遭受的成本损失或运行风险达到最小，以最大程度地抑制不确定性造成的不利影响，此过程与鲁棒优化的思想相契合。因此，采用鲁棒优化的方法处理 DG 出力的不确定性，通过不确定区间描述出力的波动范围，该波动范围由 DG 的安装容量决定，具体描述如下：

$$\alpha_{\min} \leqslant \frac{P_t^{\mathrm{DG}}}{x_i \cdot P_{\mathrm{sg}}^{\mathrm{DG}} \cdot N_i} \leqslant \alpha_{\max} \tag{7-2}$$

式中，$\alpha_{\min}$ 和 $\alpha_{\max}$ 分别为 DG 出力占 DG 容量比例的下限值和上限值。

在上述鲁棒优化问题中，DG 出力的不确定性将会使配电网的收益减少，而网架的规划则是以配电网的收益最大化为目标的。站在博弈角度，两个决策者“大自然”和配电网投资运营商构成零和博弈关系，因而可以将鲁棒优化问题转化成“大自然”与配电网投资运营商之间的博弈问题。面对“大自然”这样的博弈者，最好的应对手段是先观察其最坏干扰，再构建应对之策，由此形成博弈回合中两者行动具有先后顺序的动态博弈过程，动态博弈流程如图 7-3 所示。

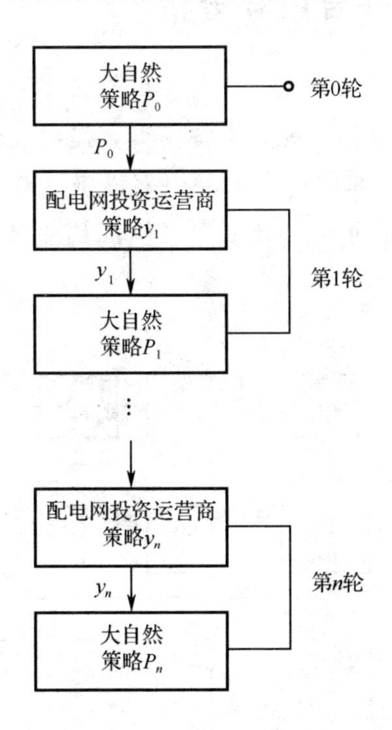

图 7-3　动态博弈流程图

在一个博弈回合中，首先，“大自然”将针对当前电网拓扑结构在不确定区间内不断调整分布式电源出力，增大配电网的失电水平和网络损耗，最小化配网总效益。其后，配电网投资运营商将以“大自然”所造成的最恶劣规划场景为基础，通过优化网络拓扑，最大化配网总效益，然后更新网络拓扑，进入下一个博弈回合。

在博弈过程中，当“大自然”和配电网投资运营商任意一方改变策略都无法获得更优的支付时，博弈达到均衡状态，具体描述如下：

$$\begin{cases} P^* = \arg\max(-C^{\mathrm{DG}}(P, y^*)) \\ y^* = \arg\min(-C^{\mathrm{DN}}(y, P^*)) \end{cases} \tag{7-3}$$

式中，P^* 为均衡状态下的“大自然”的策略；$\arg\min(\cdot)$ 为目标函数取最小值时的变量集合。

7.2.3 动-静态联合博弈分析

结合 7.2.1 和 7.2.2 的内容，考虑 DG 投资运营商、配电网投资运营商、电力用户及“大自然”等多主体博弈，提出一种面向区域智能电网规划的动-静态联合博弈格局，即配电网投资运营商和 DG 投资运营商之间构成静态博弈，同时和“大自然”之间构成动态博弈。博弈流程如图 7-4 所示。

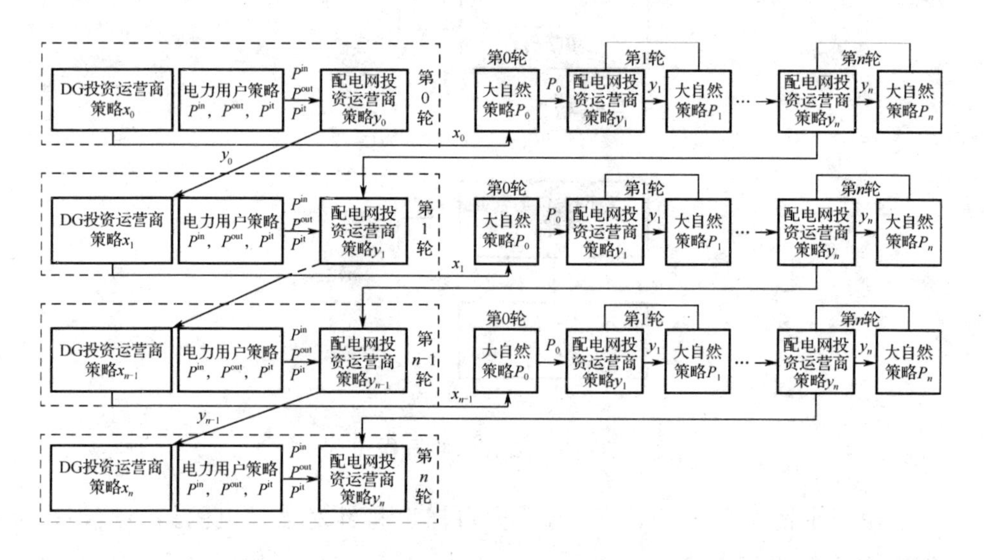

图 7-4 动-静态联合博弈流程图

在一个博弈回合中，配电网投资运营商接收电力用户反馈的等效负荷，根据上一轮博弈中决策出的 DG 接入位置和容量，在考虑 DG 出力的不确定性后，制定线路的新建方案；同时 DG 投资运营商根据上一轮博弈中决策出的鲁棒优化后的网络拓扑结构进行 DG 的选址定容。在更新网络拓扑和 DG 的选址定容方案后，进入下一个博弈回合。最终形成的博弈均衡状态，具体描述如下：

$$\begin{cases} f^* = \arg\max C^{\mathrm{DG}}(f, y^*) \\ y^* = \arg\min\max(-C^{\mathrm{DN}}(y, f^*, P^*)) \end{cases} \tag{7-4}$$

均衡状态下策略组合即为最优规划方案，该方案既考虑了各方利益的最大化，同时又具有较好的鲁棒性。

7.3　求解流程

多主体博弈环境下的规划问题并非一个整体性优化问题，而是每个参与者基于各自目标的多个独立优化问题。目前已有多种方法来求解博弈均衡点，如迭代搜索法、逆向归纳法、最大-最小优化法、序列线性化及剔除劣势策略法等。对上述博弈规划问题，采用迭代搜索法求解纳什均衡点。求解流程如图 7-5 所示。

结合多主体博弈拓展规划问题，具体求解方法如下。

步骤 1：输入原始数据和参数。初始化建立博弈模型所需的数据及计算参与者收益需要的参数。

步骤 2：生成博弈参与者策略空间。DG 投资运营商的策略空间为 DG 待接节点状态的集合 $f(x,N)=\{f_1,f_2,\cdots,f_n\}$，其中每个元素为节点可接入的 DG 容量；配电网投资运营商的策略空间为待建线路的集合 $\boldsymbol{y}=\{y_1,y_2,\cdots,y_n\}$，其中每个元素为线路可选择的路径。

步骤 3：设定初值。在 DG 投资运营商和配电网投资运营商的策略空间里分别随机选取一组值 f_0 和 y_0，并根据 f_0 的取值情况确定“大自然”的策略空间 P_0，作为迭代初值。

步骤 4：各参与者进行独立优化。在第 n 轮博弈过程中，电力用户以自身利益最大化为目标得到最优转移功率和可中断功率，并将结果反馈给配电网投资运营商。DG 投资运营商根据第 $n-1$ 轮配电网投资运营商策略 y_{n-1} 下的网架结构，以 DG 投资运营效益最大化为目标得到最优

DG 接入策略 f_n，并由此确定“大自然”的策略空间 P_n。

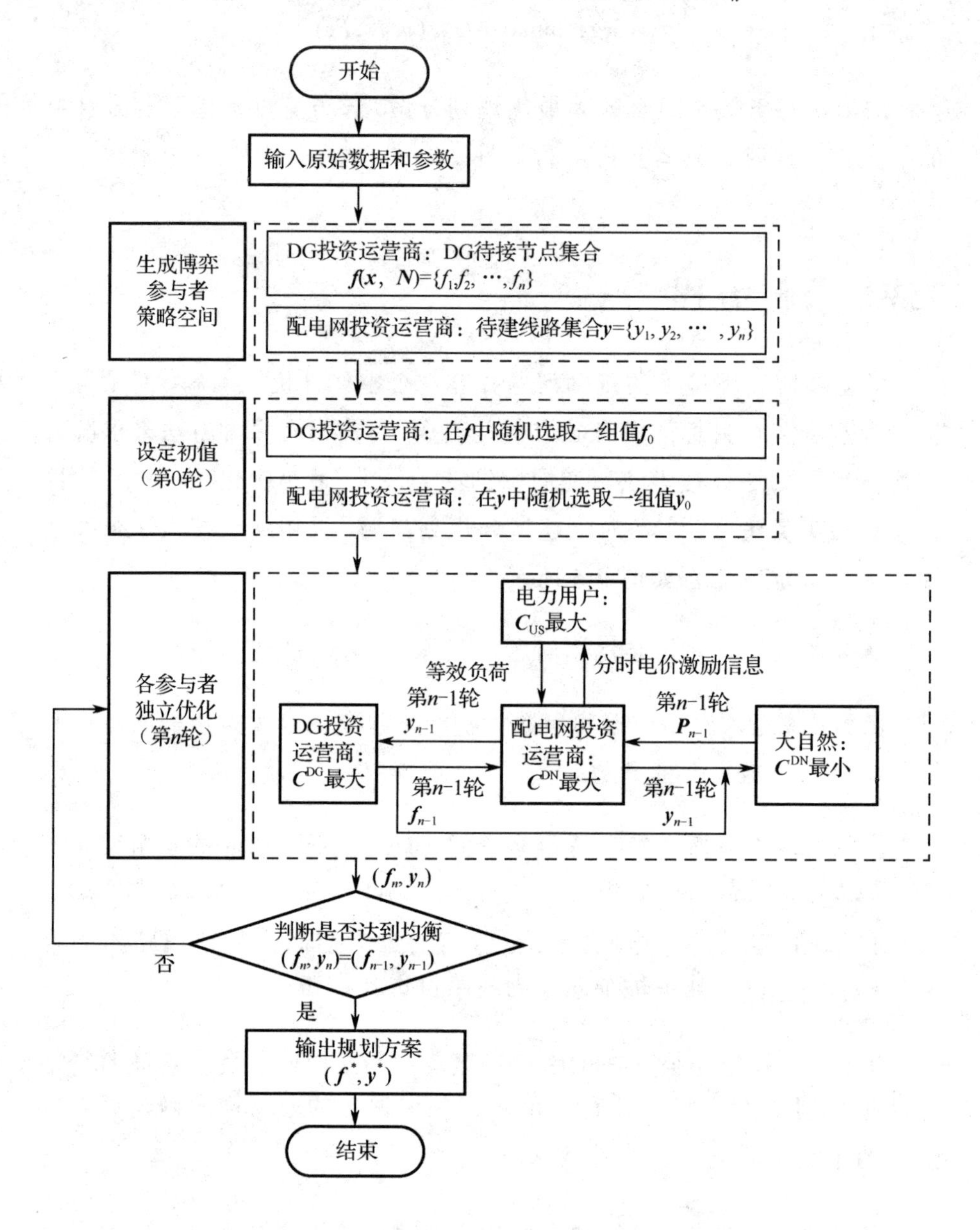

图 7-5 求解流程图

配电网投资运营商的具体优化流程如下。

步骤 4.1：在第 n−1 轮“大自然”的策略空间 P_{n-1} 中随机选择选取

一组值作为初值。

步骤 4.2：在保持“大自然”策略不变的情况下，仅改变线路新建方案，得到对应的最优网络拓扑，并更新配电网投资运营商策略，计算最大效益 C^{DN1}。

步骤 4.3：在保持配电网投资运营商策略不变的情况下，仅改变分布式电源出力，得到对应的最坏出力，并更新“大自然”策略，计算最小效益 C^{DN2}。

步骤 4.4：当 C^{DN1} 不等于 C^{DN2} 时，转至步骤 4.2 进行下一回合博弈过程；当 C^{DN1} 等于 C^{DN2} 时，此时配电网投资运营商的策略为第 n 轮的优化策略 y_n。

步骤 5：判断是否达到均衡状态。若 DG 投资运营商和配电网投资运营商在相邻两次得到的最优解相同，即 $(f_n,y_n)=(f_{n-1},y_{n-1})=(f^*,y^*)$，则表明在该策略下，任何参与者都不能通过独立的策略改变来获得更优的结果；若不相同，则返回步骤 4。

步骤 6：输出均衡解。均衡状态下的策略组合 (f^*,y^*) 即为最终规划方案。

7.4　结果分析

7.4.1　参数设置

基于第 6 章的仿真算例来验证本节所提出的考虑不确定性和多主体博弈的区域智能电网源网荷协同规划方法，其网架结构和具体参数设置与第 6 章相同，在此不再赘述。

7.4.2 仿真结果及分析

1. 规划结果

1）DG 投资运营商和配电网投资运营商

由 7.2 节分析可知，DG 投资运营商和配电网投资运营商之间根据是否考虑 DG 出力的不确定性会形成不同的博弈格局。为验证本方法的有效性和正确性，设置了以下 2 种规划场景：

场景一：采用博弈论但不考虑 DG 出力不确定性的区域智能电网规划；

场景二：采用博弈论且考虑 DG 出力不确定性的区域智能电网规划，即所提方法建立的博弈模型。

2 种场景下的规划结果见表 7-1。

表 7-1 2 种场景下的规划结果

投资主体	DG 投资运营商	配电网投资运营商
场景一	7（1），20（1），24（2），32（4）	34—20，35—26，36—11，37—30
场景二	7（1），20（1），24（2），32（4）	34—20，35—23，36—10，37—30

由表 7-1 可知，DG 投资运营商在场景一和场景二中的规划结果为在节点 7 和 20 分别接入 1 台光伏机组，在节点 24 接入 2 台光伏机组，在节点 32 接入 4 台光伏机组。

配电网投资运营商在场景一中的规划结果为分别在节点 34 和节点 20 之间、节点 35 和节点 26 之间、节点 36 和节点 11 之间、节点 37 和节点 30 之间新建线路；在场景二中的规划结果为分别在节点 34 和节点 20 之间、节点 35 和节点 23 之间、节点 36 和节点 10 之间、节点 37 和节点 30 之间新建线路。

由上述规划结果可知，DG 投资运营商在场景一和场景二中的规划结果相同，而配电网投资运营商在两种场景中的规划结果各不相同。其原因是，鲁棒优化对象为网架结构，并不涉及 DG 的选址定容，因此是否考虑 DG 出力的不确定性只会对配电网投资运营商的规划结果产生影响，而不会影响 DG 投资运营商的规划方案。

2）电力用户

电力用户通过转移负荷和可中断负荷两种需求侧响应手段调整负荷需求，所得结果与 6.3 节相同，在此不再赘述。

2. 对比分析

1）考虑多主体博弈的必要性分析

这里通过场景一和场景二下 DG 投资运营商和配网公司各项成本及收益的对比来说明本书方法考虑多主体博弈的必要性。具体结果如表 7-2 和表 7-3 所示。

表 7-2　DG 投资运营商各项成本及收益

费用	$C_{\mathrm{S}}^{\mathrm{DG}}$（万元）	$C_{\mathrm{I}}^{\mathrm{DG}}$（万元）	$C_{\mathrm{C}}^{\mathrm{DG}}$（万元）	$C_{\mathrm{OM}}^{\mathrm{DG}}$（万元）
场景一	74.51	35.65	37.26	37.26
场景二	85.16	40.74	42.58	42.58

由表 7-2 可知，DG 投资运营商在场景二中的各项成本和收益相比场景一都有所增加，其中售电收益比场景一多 10.65 万元，投资成本比场景一多 5.09 万元，运维成本和可再生能源发电补贴比场景一多 5.32 万元。其原因是，在场景二中考虑多主体博弈后，DG 的并网容量增加，使得投资成本增加，同时 DG 出力增大使得售电收益、运维成本和可再

生能源发电补贴都增加。

配电网投资运营商各项成本及收益见表 7-3，配网公司在场景二中的售电收益与场景一相同，其原因是在两种场景下的负荷需求不变。投资成本、网损成本及向 DG 投资运营商购电成本相比场景一有所增加，其中投资成本比场景一多 3.87 万元，网损成本比场景一多 3.43 万元，向 DG 投资运营商购电成本比场景一多 9.31 万元。其原因是，在场景二中考虑多主体博弈之后，一方面新建线路的长度更长，使得投资费用和网络损耗增加；另一方面 DG 的并网容量增加，基于优先消纳 DG 的原则，配网公司向 DG 投资运营商购电增多。故障成本及主网购电成本相较于场景一则有所降低，其中故障成本比场景一少 0.03 万元，主网购电成本比场景一少 2.05 万元。其原因是，在场景二中一方面 DG 的并网容量增加，使得故障时可供电量增多，电量不足期望值减少，另一方面配网公司向 DG 投资运营商购电增多，在总购电量一定的情况下向主网购电减少。

表 7-3　配电网投资运营商各项成本及收益

费用	C_{S}^{DN}（万元）	C_{I}^{DN}（万元）	C_{L}^{DN}（万元）	C_{E}^{DN}（万元）	C_{B1}^{DN}（万元）	C_{B2}^{DN}（万元）
场景一	1492.32	59.28	79.43	2.74	990.36	65.2
场景二	1492.32	63.15	82.86	2.71	988.31	74.51

DG 投资运营商和配电网投资运营商的净收益见表 7-4，在场景二中 DG 投资运营商和配网公司的净收益之和比场景一少 8.97 万元，但 DG 投资运营商个体的净收益比场景一多 5.56 万元。其原因是，在场景一中，规划的优化目标是使 DG 投资运营商和配网公司的整体利益最大化，在此场景的规划方案下，DG 投资运营商和配网公司的利益之和较其他场景是最大的。但在场景一中，整体效益的最大化是以牺牲 DG 投资运营商利益为代价的，这种规划方法一方面不符合电力市场的实际运

行机制，因为作为独立投资主体的 DG 投资运营商不可能为了整体利益的最大化而接受使自己利益受损的规划方案；另一方面，如果将这种方案强加给 DG 投资运营商，将会降低增量配电网的市场活力，这无疑是与当前增量配电网的改革背道而驰的。在场景二中，规划方案是在多个主体不断博弈后得出，各投资主体的决策组合形成一种纳什均衡点，即任何参与者都不能通过独立的策略改变来获得更优的结果。这种方法不仅更符合市场机制，而且统筹兼顾了所有市场参与者的利益。

表 7-4　DG 投资运营商和配电网投资运营商的净收益

费用	C^{DG}（万元）	C^{DN}（万元）	C^{SUM}（万元）
场景一	38.86	295.31	334.17
场景二	44.42	280.78	325.2

2）在多主体博弈的规划模型中考虑不确定性的必要性分析

通过场景一和场景二下 DG 投资运营商和配电网投资运营商各项成本及收益的对比来说明采用鲁棒优化处理 DG 出力的不确定性在考虑多主体博弈的区域智能电网规划中的必要性。具体结果见表 7-5 和表 7-6。

表 7-5　DG 投资运营商各项成本及收益

费用	C_S^{DG}（万元）	C_I^{DG}（万元）	C_C^{DG}（万元）	C_{OM}^{DG}（万元）
场景一	85.16	40.74	42.58	42.58
场景二	85.16	40.74	42.58	42.58

由表 7-5 可知，DG 投资运营商在场景二中的各项成本及收益与场景一相同。其原因是，考虑 DG 出力不确定性仅会影响配电网投资运营商的决策，而不会对 DG 投资运营商的规划决策造成影响，所以在

两个场景下其各项成本及收益均相同。

表 7-6　配电网投资运营商各项成本及收益

费用	C_S^{DN}（万元）	C_I^{DN}（万元）	C_L^{DN}（万元）	C_E^{DN}（万元）	C_{B1}^{DN}（万元）	C_{B2}^{DN}（万元）
场景一	1492.32	63.15	82.86	2.71	988.31	74.51
场景二	1492.32	60.09	78.08	2.5	948.31	110.38

由表 7-6 可知，配电网投资运营商在场景二中的售电收益与场景一相同，其原因是在两种场景下的负荷需求不变。投资成本、网损成本、故障成本及主网购电成本相比场景一有所降低，其中投资成本比场景一少 3.06 万元，网损成本比场景一少 4.78 万元，故障成本比场景一少 0.21 万元，主网购电成本比场景一少 40 万元。其原因是，在场景二中考虑 DG 出力的不确定性之后，通过鲁棒优化一方面改善了网络拓扑结构，使得新建线路的长度更短，投资费用减少，另一方面抑制了不确定性造成的干扰，使得各项运行成本降低。

DG 投资运营商购电成本相比场景一则多 35.87 万元。其原因是，在场景二中 DG 出力波动最恶劣情形下 DG 的整体出力增加，向 DG 投资运营商购电增多。

DG 投资运营商和配电网投资运营商的净收益见表 7-7，在场景二中配电网投资运营商的净收益比场景一多 12.08 万元。其原因是，在场景一中，由于没有在规划的过程中充分考虑 DG 出力的不确定性，因此在后期运行中，DG 出力的随机波动会造成电网的网络损耗和失电水平增大，从而使其运行成本升高，而所提方法通过引入虚拟博弈者“大自然”，一方面，在考虑多主体博弈的规划模型中充分考虑了 DG 出力的不确定性，通过主动改善网络拓扑结构，降低了配电网投资运营商在 DG 出力波动最恶劣情形下的各项运行成本，从而在售电收益不变的情况下，有效提高了规划净收益；另一方面，在博弈的过程中，每个市场主体可以不断优化自身决策实现自身收益的自大化。充分激发市场活力，提高决策规划的有效性。

表 7-7　DG 投资运营商和配电网投资运营商的净收益

费用	C^{DG}（万元）	C^{DN}（万元）	C^{SUM}（万元）
场景一	44.42	280.78	325.2
场景二	44.42	292.86	337.28

参考文献

[1] 刘健，等．配电网理论及应用[M]．北京：中国水利水电出版社，2007.

[2] 梅生伟，刘峰，魏韡．工程博弈论基础及电力系统应用[M]．北京：科学出版社，2016：216-225.

[3] 吴娟．Copula 理论与相关性分析[D]．武汉：华中科技大学，2009.

[4] 杨楠，崔家展，周峥，等．基于模糊序优化的风功率概率模型非参数核密度估计方法[J]．电网技术，2016，40(02):335-340.

[5] 赵渊，张夏菲，周家启．电网可靠性评估的非参数多变量核密度估计负荷模型研究[J]．中国电机工程学报，2009，31:27-33.

[6] 刘阳升，林济铿，郭凌旭，等．基于自适应核密度估计理论的抗差状态估计[J]．中国电机工程学报，2015，(19):4937-4946.

[7] 贾庆山．增强序优化理论研究及应用[D]．北京：清华大学，2006.

[8] 刘健，杨文宇，余建明，等．一种基于改进生成树算法的配电网架优化规划[J]．中国电机工程学报，2004，24(10):103-108.

[9] 章文俊，程浩忠，王一等．基于树形结构编码单亲遗传算法的配电网优化规划[J]．电工技术学报，2009，24(5):154-160.

[10] 唐勇俊，刘东，阮前途，等．考虑节能调度的分布式电源优化配置及其并行计算[J]．电力系统自动化，2008，32(7):92-97.

[11] 王成山，陈恺，谢莹华，等．配电网扩展规划中分布式电源的选址和定容[J]．电力系统自动化，2006，30(3):38-43.

[12] 欧阳武，程浩忠，张秀彬，等．考虑分布式电源的配电网规划[J]．电力系统自动化，2008，32(22):12-15.

[13] 姚建国，赖业宁．智能电网的本质动因和技术需求[J]．电力系统自动化，2010，34（1）.

[14] 张伯明，吴文传，郑太一，等．消纳大规模风电的多时间尺度协调的有功调度系统设计[J]．电力系统自动化，2011，35(1):1-5.

[15] 苏剑，张丕沛，刘海涛，等．考虑不同利益主体的 DG 并网成本-效益分析与并网容量优化[J]．电网技术，2016，40(4):1128-1133.

[16] 施泉生，郭良合，张孝君．综合考虑多主体经济效益的分布式电源优化配置研究[J]．电力系统保护与控制，2016，44(1):85-91.

[17] 李逐云，雷霞，邱少引，等．考虑“源-网-荷”三方利益的主动配电网协调规划[J]．电网技术，2017，41(2):378-386.

[18] Li R, Ma H, Wang F, et al. Game Optimization Theory and Application in Distribution System Expansion Planning, Including Distributed Generation[J]. Energies, 2013, 6(2): 1101-1124.

[19] 金秋龙，刘文霞，成锐，等．基于完全信息动态博弈理论的光储接入网源协调规划[J]．电力系统自动化，2017，

41(21):112-118.

[20] 温俊强，曾博，张建华．市场环境下考虑各利益主体博弈的分布式电源双层规划方法[J]．电力系统自动化，2015，39(15):61-67.

[21] 刘洪，范博宇，唐翀，等．基于博弈论的主动配电网扩展规划与光储选址定容交替优化[J]．电力系统自动化，2017，41(23):38-45.

[22] 高红均，刘俊勇，魏震波，等．主动配电网分层鲁棒规划模型及其求解方法[J]．中国电机工程学报，2017，37(5):1389-1400.

[23] Gao H, Liu J, Liu Y, et al. A robust model for multistage distribution network planning[C]. International Symposium on Smart Electric Distribution Systems and Technologies. IEEE, 2015: 37-41.

[24] 温俊强，曾博，张建华．配电网中分布式风电可调鲁棒优化规划[J]．电网技术，2016，40(1): 227-233.

[25] Srikantha P, Kundur D. A Game Theoretic Approach to Real-Time Robust Distributed Generation Dispatch[J]. IEEE Transactions on Industrial Informatics, 2016, PP(99): 1-1.

[26] Dai T, Qiao W. Trading Wind Power in a Competitive Electricity Market Using Stochastic Programing and Game Theory[J]. IEEE Transactions on Sustainable Energy, 2013, 4(3): 805-815.

[27] 郭腾云，刘艳．基于博弈方法的含分布式电源配电网重构优化[J]．电力系统保护与控制，2017，45(7):28-34.